JN312101

石の記憶
ヒロシマ・ナガサキ

田賀井篤平
智書房

広島 原爆投下直前　1945 年 7 月 25 日撮影
ミッション番号 28PRS 5M 335 写真番号 VV50

広島 原爆投下直後　1945年8月8日撮影
ミッション番号 25PS 6PG 5M220 写真番号 VV113

長崎 原爆投下直前　1945 年 8 月 7 日撮影
ミッション番号 3PR 5M 390 写真番号 2VV18

長崎 原爆投下直後　1945 年 8 月 10 日撮影
ミッション番号 6PR 25PS R222 Z2 写真番号 VV82

広島商工会議所ビル屋上からのパノラマ写真
撮影：林重男、提供：広島平和記念資料館

長崎鎮西学院横の高台からのパノラマ写真
撮影：林重男、提供：長崎原爆資料館

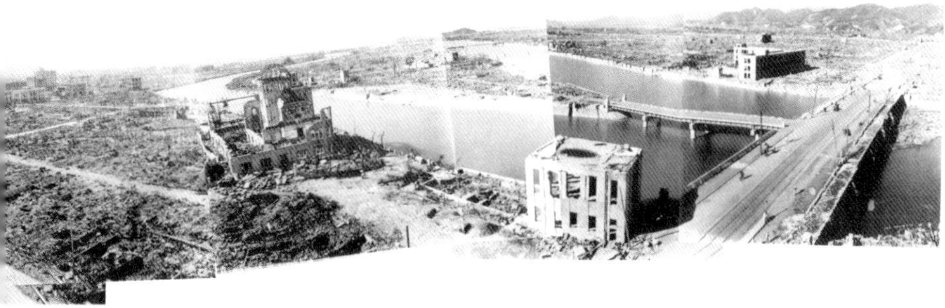

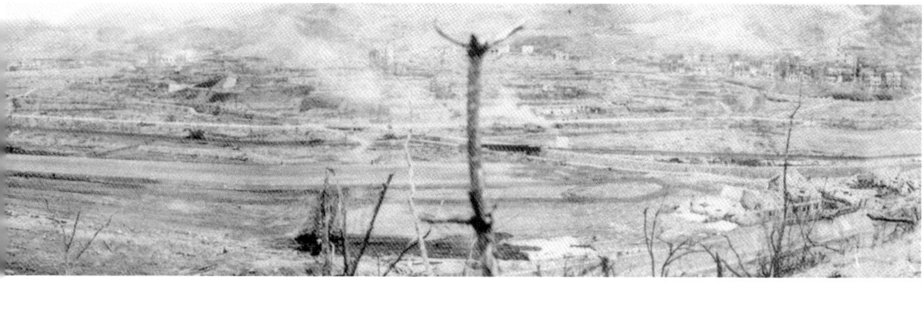

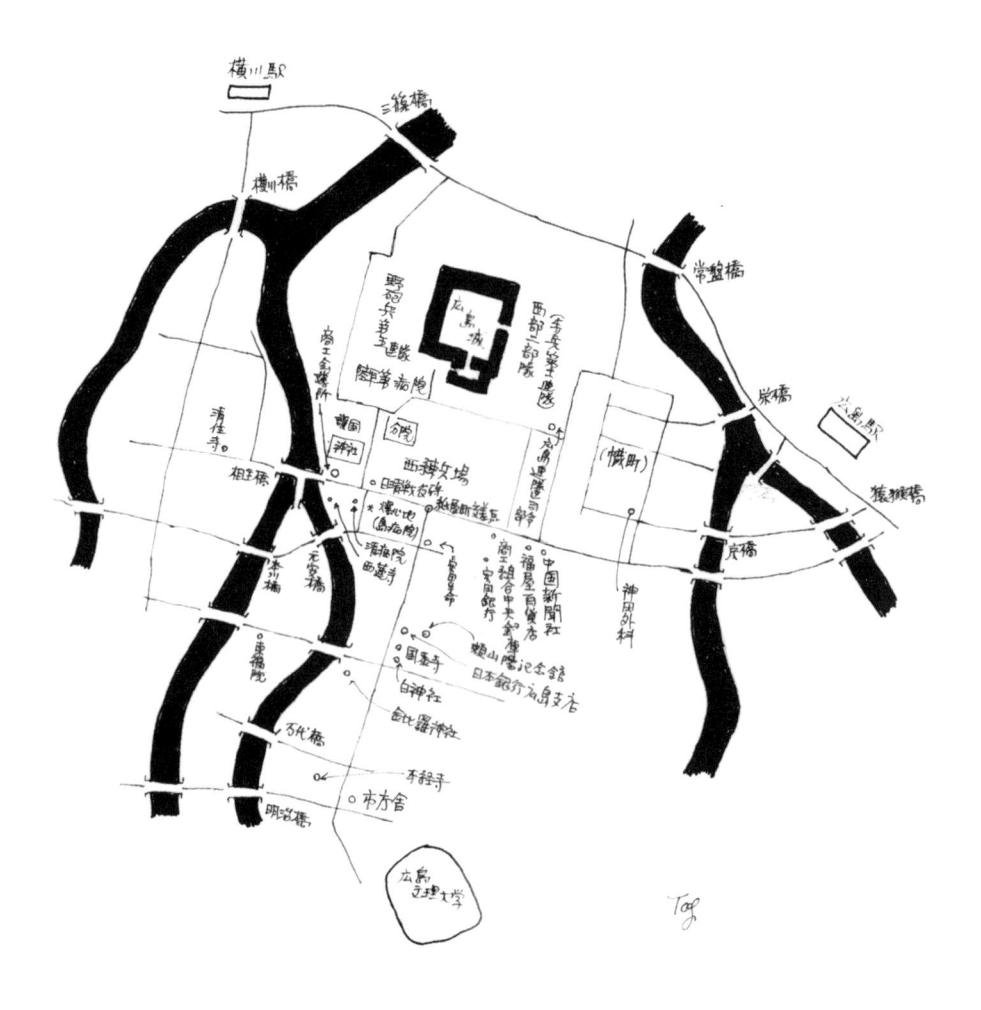

[広島] フィールドノートからの地図

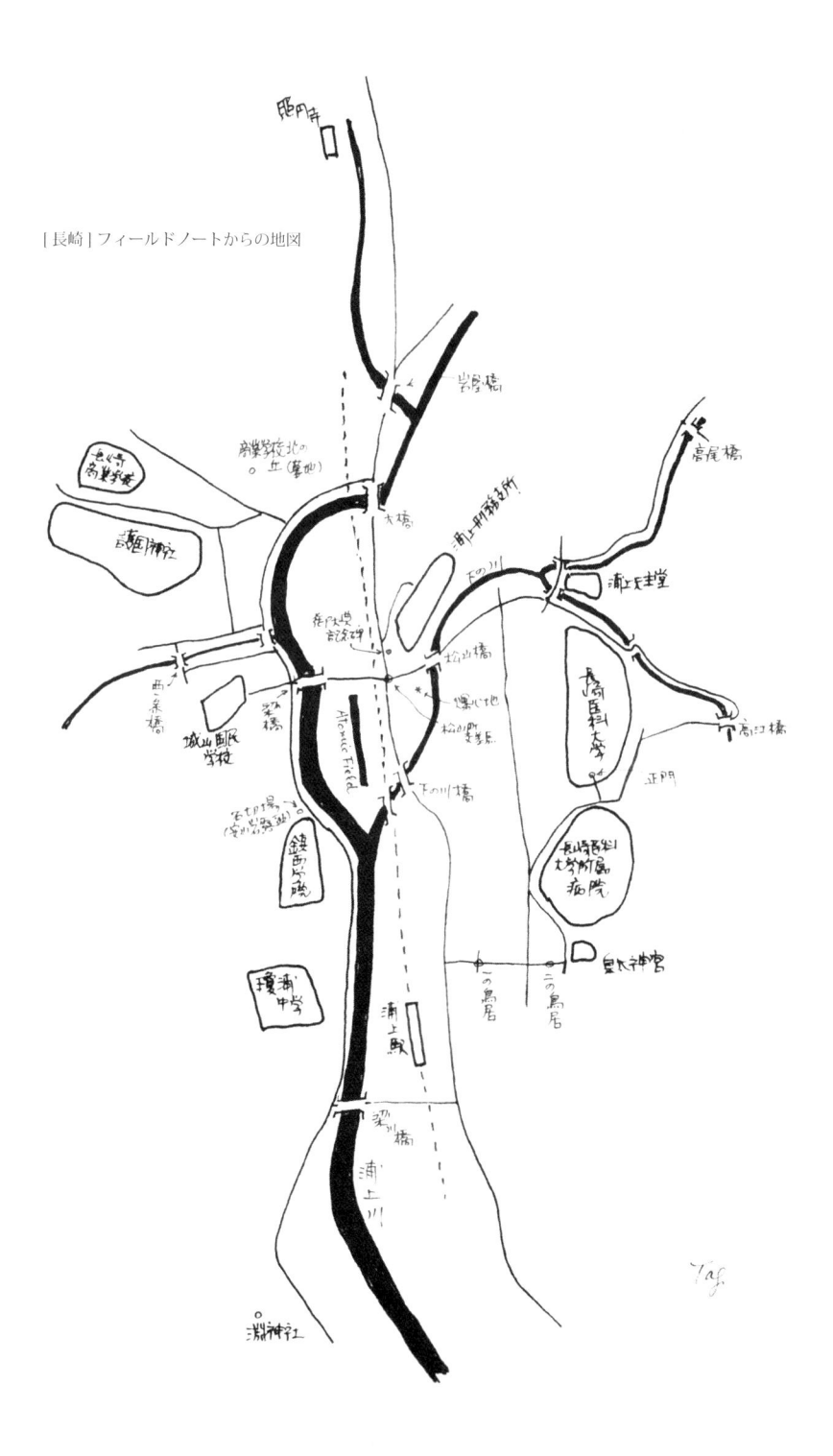

[長崎] フィールドノートからの地図

目次

第1章　プロローグ　　15

第2章　「石の記憶」のいきさつ　　21

第3章　被爆調査団－原子爆弾災害調査研究特別委員会　　29

第4章　渡邊調査日記　　43

第5章　渡邊の目　　87

第6章　解明された謎と残された謎　　111

第7章　エピローグ　　141

付　録　渡邊武男報告書(草稿)　　151

題字　恭野悟郎
装丁デザイン　杉本壽男

第 1 章
プロローグ

第1章　プロローグ

　平成 14 年に渡邊武男収集の被爆岩石標本と対面してから全てが始まった。標本に対する科学者としての興味と渡邊武男（本来なら先生と呼ばなければいけない立場に筆者はいるのだが）という科学者の魅力の両方が作用して、筆者が自分の目で「石の記憶」を呼び戻そうとしたのである。

　渡邊武男は 1907 年に東京牛込に生まれ、府立第五中学校（現在の小石川高校）、第一高等学校を経て東京帝国大学理学部地質学教室へ入学した。同学科を卒業後、北海道帝国大学助手になった。1937 年にベルリン大学に留学し、生涯の師となった Ramdohr 教授に出会い、その指導を受けた。その後北海道帝国大学理学部助教授・同教授を経て、1944 年東京帝国大学理学部教授（地質学教室）となり、鉱床学講座を率いて多くの研究者を育成した。1968 年定年退官。その後、名古屋大学教授、秋田大学学長を務め、1986 年に亡くなった。

　渡邊は卒業研究で朝鮮の遂安鉱山の金接触交代鉱床について研究を行い、その中で新鉱物である「小藤石」[1939 年、笏洞鉱山] を発見し、続いて「遂安石」[1953 年、遂安鉱山] を発見した。この研究をもとにして、新鉱物である「吉村石」[1953 年、野田玉川鉱山]、「原田石」[1962 年、野田玉川鉱山、大和鉱山]、「神保石」[1963 年、加蘇鉱山]、「鈴木石」[1973 年、田野畑鉱山]、「木下石」[1973 年、野田玉川鉱山]、を次々と発見・記載した。1966 年学士院賞を受賞、学士院会員となった。40 年に及ぶ研究では、一貫して各種の鉱床の調査と形成過程の研究を進展させた。渡邊は研究面では、野外観察を重視し、これを自ら徹底して行い、学生にも絶えず野外調査の重要性

を説いてきた。野外での克明な観察と万全な標本採集、さらに研究室における顕微鏡観察を精密に行い、その鋭さと集中力には他人の及ぶところではなかった。また、弟子に対しては、常に温顔で接し、学生の長所を暖かく引き出す指導法は抜きん出ていた。

　渡邊の研究生活のなかで、最も異質な研究が広島・長崎の原爆被害調査である。渡邊が残した百二十点余の被爆岩石標本、百五十枚を超える自ら撮影した写真、四十五点の調査団資料、二冊のフィールドノートなどの試資料を基にして、筆者は昭和20・21年に原爆に破壊され尽くした現地でどのような調査が行われ、そこからどのような結論が導き出されたのかを知ろうと考えた。また最も優れた地質学者の一人であった渡邊武男が科学者として、人間として何を感じたかを明らかにしたかった。しかし、いくら素材を集めても、渡邊武男の軌跡を辿ることは出来ない。たとえ60年の年月が過ぎて、現地の様相が如何に変わっていても自ら渡邊の歩いた道を経験しなくては渡邊に迫ることは出来ない。現地での野外調査は、渡邊の記録に隠された数々の謎を解明するのに必要な作業であった。机上で渡邊のデータを解析し、野外調査で確認し、新たな情報を収集し、また机上で検討する。新たな調査は新たな事実と新たな疑問を生む。このような作業を繰り返して、ようやく渡邊の調査の全容が把握できるようになってきた。

　筆者の勤務していた東京大学総合研究博物館は研究の成果を特別展示として公開する機能を持っている。特別展示という場で、渡邊武男の調査と筆者達が行った調査を総合して、渡邊武男の科学者としての目が原爆をどのよう

に見ていたかを、静かで物言わぬ「石」の記憶を呼び戻し、自ら語らせようという「石の記憶－ヒロシマ・ナガサキ」展を開催したのである。幸いに、「石の記憶」展は大きな反響を呼び、日本ディスプレイデザイン賞2004ディスプレイデザイン大賞はじめ数々の賞を受賞することができた。現地の調査を行い展示の準備を進める間に知遇を得た多くの長崎や広島関係者から新たな情報が寄せられて、「石」の持つ情報が豊かになり、また多くの謎が解決されたのである。

　本書は、それらの集大成であり、戦後60年を超えた今、改めて「石」とその石に注がれた渡邊武男の「目」を明らかにする。原爆ばかりでなく戦争の記憶は薄れる一方であるし、記憶する人も当然減る一方である。また記憶の伝達も必ずしも容易ではない。「石」の記憶は永遠であるが、石の管理がおろそかになると石の記憶は失われる。広島や長崎に残されている多くの石の遺跡は、60年間風雨に曝されて原爆の影響を受けた箇所を風化で失っている。石の記憶を将来に伝えていくには石の保全が必須である。石の持つ記憶を明らかにして渡邊武男が収集した被爆岩石標本の記憶を失うことなく後世に受け継がせることが本書の目的である。

第 2 章
「石の記憶」のいきさつ

第2章 「石の記憶」のいきさつ

　東京大学に残されていた被爆岩石標本と接点を持ったのは広島護国神社宮司・藤本武則氏、権禰宜・林友昭氏の突然の訪問がきっかけであった。筆者は博物館に着任して間もなくであり、広島護国神社の関係者が「狛犬の頭部」を見るために博物館を訪問するので対応するように命ぜられて、「狛犬の頭部」って何だ？と戸惑った。「狛犬の頭部」は渡邊武男収集の被爆試料の中にあるという。渡邊武男とは、筆者が学生の時に指導を受けたことがある地質学（鉱床学）の先生であるし、博物館の前身である総合研究資料館の初代館長である。渡邊は退官時に、収集した多くの標本を資料館に移管した。移管された鉱石や鉱物標本の中に混じって広島・長崎で収集した被爆標本があることは伝え聞いていたが、「狛犬の頭部」は初耳であった。

　とにかく鉱床標本の収蔵庫に出かけてみた。収納棚に入りきらない標本がうずたかく積み上げられている薄暗い収蔵庫の一角に「渡邊武男被爆標本」と黒マジックで書かれた引き出しが5段あった。引き出しの中に、瓦や岩石、コンクリート、レンガ、タイルなどが100個以上。少し埃をかぶっている。標本を入れてある紙製の箱は劣化が進み崩れかけている。標本ラベルは完全に近い状態で残されているし、標本自体は当然のことながら劣化は皆無である。「狛犬の頭部」のことなどすっかり忘れて標本に一時見入ってしまった。しかし、どこにも「狛犬の頭部」は見つからない。よく考えれば、狛犬というと神社の入り口などで見かけるものであるし、その大きさは引き出しに入るようなものでない。そこで周りを見渡すと、標本ケースの上に木製の古い標本箱があって、その中にやや大型の汚らしい布の塊が置いてあった。その

「狛犬発見」を報じる平成8年8月6日の毎日新聞

　麻袋の中身が「狛犬の頭部」であり、これが筆者と「狛犬」の初対面であった。まさしく50年の眠りから覚めさせたのである。「狛犬」と同じ標本箱の中に「島病院」と書かれたラベルの付いた瓦があった。広島や長崎の原爆については多少の知識があったので広島爆心の島病院のことであるとわかった。全面に融解したガラスがこびり付いているその瓦も「狛犬の頭部」と一緒に護国神社の方に見ていただいた。護国神社の二人は狛犬を前にして感慨深げに写真を数枚撮影し、瓦を見て「あー、島さんのだ」と声を上げたことが印象に残っている。そして狛犬をじっと眺めていた藤本氏は「狛犬の頭部」がいかなるものであるかを語ってくれたのである。藤本氏は平成8年8月6日の毎日新聞のコピーを持参された。

　毎日新聞の記事によると、「広島護国神社には原爆投下前、3対の狛犬があった。このうち2対は現在も境内に置かれている。残る1対は破壊され、散逸したと考えられてきた。原子爆弾災害調査特別委員会のメンバーであった渡邊武男東大教授は護国神社付近で狛犬を発見し持ち帰った。記者が広島護国神社に問い合わせ、失われた狛犬の写真と比較してみて、東京大学総合

戦前の護国神社、本殿の前に狛犬が見える（広島護国神社提供）

研究博物館に収蔵されていた狛犬が護国神社から失われた狛犬であることがわかった」というものであった。広島護国神社では、ずっと行方不明となった狛犬の行方が気にかかっていた。藤本氏は、記事にあった「失われた狛犬の写真」も持参された。その神社の写真には鳥居横の大型の狛犬の他に、本殿の前に黒っぽい坐像のように小型の狛犬が写し込まれている。それが行方不明の狛犬であるという。それが目の前にあるのだ。この時、渡邊の被爆調査自身について興味を抱き、調べてみようと思ったのである。

　筆者にとって、渡邊の記憶は学生時代の先生の姿である。その渡邊の印象と被爆調査は全く結びつかない。そもそも、地質学、それも鉱床学の教授と原爆が結びつかないのである。渡邊は広島・長崎でどのような調査をしたのであろうか。

　まずは、手近にある博物館に収蔵されている被爆標本を調べてみることにした。5つの引き出しには、ぎっしりと石や瓦、煉瓦などの標本が詰まっていた。朱で番号の書き込まれた標本、手書きのラベルが添付されている標本、何もない標本、といろいろである。地質学の古い標本には朱で番号や産地が記入されていることが多いので、朱の番号入り標本は渡邊が採集時に書き入れた可能性が高い。地質調査ではフィールドノートが記憶術の要であり、採集標本に書き込まれた標本番号はフィールドノートに記載されているに違いないし、ノートには詳細な記載があるはずである。そこで、渡邊のフィールドノートの所在を探し始めた。フィールドノートの所在はすぐにわかった。

第2章「石の記憶」のいきさつ　25

渡邊武男の被爆調査のフィールドノート、1945、1946
(秋田大学附属鉱業博物館蔵)

渡邊は東京大学の定年後は名古屋大学に勤務し、名古屋大学の定年後は秋田大学の学長を勤めた。亡くなられた後に、奥様の意向で形見分けの意味を込めて、フィールドノートは秋田大学に寄贈され、附属鉱業博物館に収蔵されていた。早速、秋田に出かけ362冊のフィールドノートを調べた。1945、1946と表紙に記された2冊のノートが原爆調査のフィールドノートであることがわかった。2冊のノートを借り出して東京に戻り、記録を読み進むうちに徐々に震えるような思いが沸き上がってきたのである。

　渡邊武男が最初に広島・長崎を調査したのは原爆投下2ヶ月後の昭和20年10月である。当時撮影された多くの写真を見ても、現地は未だ復旧もほとんど進んでいないことがわかる。渡邊もそこここに被爆の現実を目にしたに相違ない。しかしフィールドノートには状況を示すメモが全く見あたらない。それどころか、通常の地質調査での記載と変わりなく感情を込めることなく淡々と観測事実を書き連ねているのだ。人間味が豊かであった渡邊が被爆の状況を前にして何も感じないはずがない。でも科学者の研究記録であるフィールドノートには個人的な感情は書き込まれていない。そこに科学者としての真摯な眼差しを見ることができたのである。フィールドノートには当時の状況を反映して粗末な紙が使われている。黄ばんだノートに鉛筆でメモやスケッチが書かれているが、粗悪な紙質や鉛筆の退色もあって著しく読みにくい。しかし、現場でノートに書き込んだそのままが伝わってくる。通常の地質調査では立ったままか、その辺の岩に腰掛けてノートに書き込むのであるから字は乱れ書いた人にしかわからない。書いた人にもわからないこと

すらある。そこで普通は、宿に戻って思い出しながら清書するのである。渡邊は清書しなかった。渡邊の筆致には乱れが少なく一般的には綺麗なフィールドノートと言ってよい。それでも読み解く人間の身になると結構つらかった。

　フィールドノートの解読を進める一方で、そのほかに残されている資料の探索も始めた。渡邊武男はコレクターであり、標本や実験器具などに強い執着があった。標本を捨てるなんてもってのほかだし、古くなった実験器具も大切に取っておくように命じていた。だから、原爆調査関係の資料も捨てずに保存してあるに違いない。鉱床標本室には鉱石標本のほかに渡邊文庫と俗称されている渡邊の蔵書や地質図なども保存されている。標本室のあちこちを探し回っていると被爆調査の紙焼き写真とネガ、ネガコンタクトが入った紙袋を発見した。約100枚の写真である。渡邊は「写魔」、「機魔」と弟子の間で言われている程に写真にもうるさかったので，多分自ら撮影したと思われる。ネガケースにはLEICAの文字が印刷されている。ネガコンタクトの裏側には渡邊の字で「これ全部」とか丸印、また場所名が書かれているのもある。「全部」とか丸印は紙焼きを依頼したに違いない。撮影されているのは表面が溶解した瓦や岩石などの標本、建造物（そこから標本を採集したのであろう）、などが主なものである。明らかに場所のわかるもの、例えば広島の産業奨励館（原爆ドーム）や相生橋、長崎の浦上天主堂などは数少なく、大部分は即座にはわからなかった。現地調査の必要性を感じた一瞬である。

　さらに、大きな封筒に調査関係の書類が大量に入っているのを見つけた。

渡邊の報告書の手書き原稿、英文の投稿論文のタイプ原稿に混じって、原子爆弾災害調査研究特別委員会（以下被爆調査団）に関するさまざまな資料があった。被爆調査団については、公式な調査報告書2冊の他に、仁科記念財団から出版された「原子爆弾　広島・長崎の写真と記録」が知られているが、生データを見るのは初めてである。こうして少しずつ情報が蓄積されてきたのである。
　しかし地図が見つからない。地質調査には地図が必須である。地図が無いときは自らの足でルートマップを描き地図を作りフィールドノートに書き込んでいく。渡邊のフィールドノートにはルートマップは無く、ところどころにメモ的な地図が書き込まれているに過ぎない。当時地図は軍事機密であった可能性が高い。まして広島は中国軍官司令部のあった重要な軍事拠点であるし、長崎もまた三菱造船所などの軍事関連施設が集中していたところである。そのような場所の地図が容易に手に入るはずが無い。終戦後であり、政府の調査団であるので、場合によっては、手にしていたかもしれない。いずれにせよ、地図なしに調査を行ったとは到底考えられないし、手書きの報告書原稿に「地図に書き込んだ」という表現が見られることから、地図を携えて調査したことは確実であると思われる。しかし標本室を隈なく探したがついに地図を発見するに至らなかった。その結果、フィールドノートに書き込まれた多くの場所が未解明のままに残されたのである。

第 3 章

被爆調査団－原子爆弾災害調査研究特別委員会

第3章　被爆調査団 ― 原子爆弾災害調査研究特別委員会

　広島に原爆が投下されて甚大な被害を被ったことは新聞でも報道されたが「新型爆弾」との表現で、原子爆弾であることは終戦まで明らかにされなかった。広島の被害が未曾有の規模であることから、軍部は調査を緊急に行う必要を感じた。当初は国家組織的な規模ではなく広島の陸軍部隊が壊滅した結果、広島至近の呉鎮守府が独自に調査隊を派遣した。仁科記念財団編纂の「原子爆弾」によれば、8月6日に呉工廠調査隊5名、翌7日呉鎮守府調査隊11名が広島入りした。また、海軍大臣の命を受けて海軍広島調査団が組織され、一行12名は7日に追浜を発ち岩国飛行場に到着して8日に呉鎮守府調査隊と合同で調査を行い、研究報告会を開いて報告書を作成した。その中では「敵弾の本体不明」としてあるが、サイパン放送がウラン爆弾であるとしていることを伝えている。一方、内閣は新型爆弾の報告を受け、「臨時＜原＞委員会」なるものをつくり、技術院の調査団4名を広島に派遣した。この技術院調査団は8日昼前に所沢を出発し、先ずは広島を上空から観察した。この時点でトルーマン声明を知っていた技術院のメンバーは原爆であることを直感したという。大本営は参謀本部、陸軍省、航空本部からなる調査団を組織して広島調査に派遣した。この調査団には日本における原子爆弾開発に携わった理化学研究所の仁科芳雄博士が同行した。8月7日に所沢を発したが途中故障で引き返し、翌8日午後3時に所沢の飛行場から米軍の戦闘機を避けつつ大阪を経由して、8日夕刻に広島入りをした。着陸前に上空から被害の様子を観察したが仁科博士も原爆であることを直感したという。8月10日大本営調査団による陸海軍合同の研究会議が広島で開かれ各調査

団の状況報告がなされ、この時初めて公式に広島に投下された爆弾が「原子爆弾」であることが報告された。「本爆弾ノ主体ハ普通爆弾又ハ焼夷剤ヲ使用セルモノニ非ズ、原子爆弾ナリト認ム」と報告書にある。原子爆弾であると判定した理由は、1）広島赤十字病院のレントゲン室に保管されていた未使用のフィルムが感光している、2）中心部から採集した土砂から放射能が検出された、3）人体の白血球の著しい減少などであった。

　8月9日には長崎に原爆が投下され、広島同様の甚大な被害を被ったのであるが、被爆直後から国家規模の調査団が長崎に送り込まれた形跡は認められない。8月9日に西部軍管区司令部が数行の「被害僅少」と発表したが、広島と異なって大本営発表はなかった。仁科記念財団編纂の「原子爆弾」によれば、記録として残されているのは10日発表の「長崎地区憲兵隊報告」、14日の呉鎮守府が派遣した調査隊の「長崎空襲被害概況調査報告」である。このほかに長崎地区司令部が調査を行った。その報告書の中に新型爆弾の弾種が落下傘付高性能弾（原子爆弾又ハ光線爆弾）とあり、「本弾薬剤ハ稀有元素ニシテ敵ハ豊富ニハ整備シ非サルモノノ如ク、又太陽光線ヲ利用スルタメ昼間ノミ使用セルニ非ラズヤトモ思料サル」と書かれ、原子爆弾のなんたるかを理解していない様子がわかる。8月14日に航空本部の要請で仁科博士は福岡を経由して長崎に向かい、上空から被害状況を観察した後に諫早飛行場に到着した。仁科博士が長崎で科学的な調査を行った様子はなく、軍部の案内で視察しただけで諫早に戻り、そのまま広島に帰った。仁科博士が憲兵隊本部で原爆の放射能で白血球が減少することを関係者に伝言するよう言

ったことが伝えられているが、仁科博士は上空から被害状況を観察した段階で、長崎の新型爆弾も原子爆弾であることに気付いていたに違いない。仁科博士は 15 日に大阪に戻り、そこで終戦を知ったが、15 日夜に理研に戻って靴や服の放射能を測っていたそうである。九州大学医学部や熊本医科大学の医学的な調査が 8 月末から 9 月中旬にかけて集中的に行われ、また九州大学物理学教室の篠原健一教授が 8 月 13・14 日に爆心付近の土砂から放射能を検出して原子爆弾であることを確認している。しかし、いずれの調査も、国家的な規模の組織的な調査ではなかった。広島・長崎の原爆被害の組織的で総合的な調査は昭和 20 年 9 月 14 日に文部省学術研究会議が「原子爆弾災害調査研究特別委員会」を発足させてからである。

　それより早く 8 月 30 日に米軍が日本に進駐し、ほぼ同時に米軍による現地調査が始まっていた。アメリカ側の調査計画はマンハッタン管区、陸軍軍医団、海軍医学調査団など独自の計画が平行して存在していたようである。マンハッタン管区調査団は GHQ 軍医団と共同で 9 月 8 日に広島に入り調査を行ったが、GHQ 軍医団は一応の調査が終了後も物理的被害や死傷者の医学的調査の資料収集に努めたという。またマンハッタン管区の一部と陸軍軍医団、海軍医学調査団は 9 月 9 日に長崎に入って調査を行っている。この調査の主たる目的は、原爆の人間に対する効果を科学的に明らかにすることや現地に進駐する軍人のための残留放射能測定にある。即ち、医学的な見地に立った調査であることが明らかである。この調査には、その頃組織されつつあった「原子爆弾災害調査研究特別委員会」の医学班も協力している。

仁科記念財団編纂の「原子爆弾」によると、日本映画社が独自に原爆災害の記録映画作成を決めて仁科博士に相談に行ったことがきっかけとなって、「原子爆弾災害調査研究特別委員会」が組織されたようである。記録映画作成には各界の研究者グループの協力が必要であると考えた仁科博士が文部省に行き、学術研究会議のメンバーが動員できるか、あるいは必要な経費が調達できるかなどの相談を行ったのが9月3日であった。多くの問題を抱えつつも、9月14日に学術研究会議は「原子爆弾災害調査研究特別委員会（以下：被爆調査団）」の設置とその組織を発表した。

原子爆弾災害調査研究特別委員会
　委員長：林春雄（学術研究会議会長）
　副委員長：山崎匡輔、田中芳雄
　委員：木下政雄
　　　　物理化学地学科会
　委員：西川正治
　委員：仁科芳雄
　委員：菊池正士
　委員：嵯峨根遼吉
　委員：木村健二郎
　委員：水島三一郎
　委員：篠田栄
　委員：渡邊武男

生物学科会
委員：岡田要
委員：小倉謙
委員：江崎悌三
　　　機械金属学科会
委員：真島正市
委員：野口尚一
委員：三島徳七
　　　土木建築学科会
委員：田中豊
委員：武藤清
委員：広瀬孝太郎
　　　電気通信学科会
委員：瀬藤象二
委員：大橋幹一
　　　医学科会
委員：都築正男
委員：中泉正徳
　　　農学水産学科会
委員：雨宮育作
委員：浅見与七

調査団研究者の証明証

委員：河村一水
　　　　林学科会
委員：三浦伊八郎
委員：中村賢太郎
　　　　獣医畜産学会
委員：増井清
委員：佐々木清綱

であった。委員には委員の証が交付されたが、この証明書は乗車券の購入に役立ったという。被爆調査団の設置が決まったとはいえ、敗戦直後の混乱の中で占領下の様々な制約もあって各班共に準備に時間を取られて、実際の調査の開始は10月に入ってであった。

物理化学地学科会の中の地学班は、
　　　　地質：渡邊武男・山崎正男・須藤俊雄（東大）
　　　　　　　小島丈児・長岡省吾（広大）
　　　　　　　岩生周一・平山健（地下資源調査所）
　　　　地理：木内信蔵・小堀巌・園池大樹（東大）

で構成された。実際の現地調査には渡邊武男・山崎正男・長岡省吾と木内信蔵・小堀巌・園池大樹が当たった。平山は先発隊の役割を果たした。

昭和20年11月30日に原子爆弾災害調査研究特別委員会第1回報告会が開かれた。それに先だって11月5日に東京大学物理学教室で物理化学地学科会の打ち合わせ会議が開かれた。渡邊武男のメモには仁科博士と玉木博

士の話のメモは残されているが、自身がどのような報告をしたかは記録されていない。いずれにせよ 11 月 30 日の報告会のための打ち合わせであったに違いない。11 月 30 日の第 1 回報告会では、10 月末までに一応の調査を終えた各班が調査結果を発表した。物理化学地学科会は物理班を代表して仁科芳雄、化学班は野口喜三郎、地学班は渡邊武男が報告を行った。その他、生物学科会（前川文夫）、機械金属学科会（筒井俊正）、土木建築学科会（田中豊）、医学科会（都築正男）、農学水産学科会（浅見与七）が発表を行った。渡邊武男の発表を要約してみる。

　地学班が原爆調査にどのように関係しているかわからなかったが、現地では地質の研究者が通常行っている調査方法をそのまま実行し、原子爆弾によっていろいろなものがどのように変化しているかを地図上に正確に表していくことにした。対象としたものは岩石や窯業産物などの造構石材で、それらが鉱物学的にどのように変化しているかを観察した。

　広島について言えば、広島の基盤岩石は花崗岩であるが、花崗岩が露出しているところは少ない。しかし、建築物や墓石などに花崗岩が多用されており、また石灰岩や安山岩などの他の岩石も稀ではあるが使用されているのでこれらを調べた。窯業産物としては屋根瓦を調べた。近傍の石材店で岩石や瓦の産地を特定することができた。広島で使用されている瓦は主として四国産のもので質は大体において同じである。瓦は原爆の熱線に曝されると表面が溶融するため特に棟瓦に注目した。棟瓦が熱線に対して直角であったものを探し出し、溶融の範囲を爆心からおよそ 600m と決定した。また、もう一

つ注目したのが花崗岩の剥離現象である。花崗岩中の石英は 573℃で低温型から高温型に相転移し、それに伴い膨張率が変化して表面から剥離する。この剥離現象の範囲を調べたところ、爆心からおよそ 1000m と決定した。

　長崎についても同様の調査を行ったが、長崎は基盤岩石が安山岩であり建築物や墓石にも安山岩が多用されている。しかし広島との比較のために数少ないながら使用されている花崗岩について剥離現象を調べ、爆心からおよそ 1500m であると決定した。屋根瓦についても広島同様に溶融現象の範囲を調べた。長崎で使用されている瓦は主として筑後瓦であり広島とは材質が違うため正確な比較は出来ないが、ともかくも溶融範囲は爆心からおよそ 1000m であった。

　また、岩石に記録された熱線の影の方向や傾きから爆発の起こった高さを測定した結果と物理班の示した値とが一致した。

　昭和 21 年 2 月 28 日には第 2 回の報告会が開かれ、林春雄委員長から「3月末までに報告書をまとめて当局に提出する」との話があり、続いて各班が報告している。物理化学地学科会（物理班：西川正治・藤原咲平、化学班：木村健二郎、地学班：渡邊武男）、生物学科会（岡田要）、機械金属学科会（橋口隆吉）、土木建築学科会（田中豊）、医学科会（都築正男）、農学水産学科会（雨宮育作）、林学科会（三浦伊八郎）、獣医畜産学科会（増井清）が発表を行った。西川正治の発表の中で、一般的に興味ある点を記してみる。熱線の影から決定した爆心は広島においては「護国神社の鳥居の南約 100m、島病院玄関の東南方約 25m で、高さは平均して 570m ± 20m、爆発直下の直径約

100m」であり、長崎においては「杉山町の道路の交差点から約 60m 離れて東に入って約 20m 南に下ったテニスコートの空き地のほぼ中央で、高さは平均して約 490m ± 20m、火球の半径は約 100m」であった。この報告中の「杉山町」は「松山町」の誤りであるし、長崎において火球の半径と記述しているのは直径の誤りであろう。

　渡邊の報告は、殆ど第 1 回目の報告会から変わりはない。追加して記すべき点は、「地学調査隊の先発隊として資源調査所の平山を物理班に同行させて原爆の被害を予備的に調査させ、本調査の立案の参考にした」、「広島では花崗岩中の有色鉱物である角閃石や雲母は爆心から 200m くらいの範囲では熔解が見られるがルーペでのみ観察される程度である」、「同行した地理班の報告として、広島では人の火傷の範囲が花崗岩と同じく 1km、松葉の焼けた範囲は 2km、住居の倒壊は 3km、ガラスの破損が 12km であった。長崎は地形の影響でそのまま比較できないが、被害の範囲は広島より広い」である。

　原子爆弾災害調査研究特別委員会の報告会はこの 2 回で終了し、報告書を作成するはずであったが、終戦直後の様々な困難に妨げられて出版が進まなかった。しかし努力は続き、昭和 26 年になってようやく原子爆弾災害調査報告書の総括編が、そして昭和 28 年に原子爆弾災害調査報告書が刊行されたのであった。

　原子爆弾災害調査報告書には地質班と地理班がそれぞれ報告をしているが、渡邊武男には、その草稿と言うべき手書きの原稿が遺されている。この

原稿には出版された報告書には書かれていない多くのデータが書き込まれているので、付録に掲載する。

　これ以降、渡邊が被爆資料についてさらに研究を進めた様子も無く、被爆調査団としては報告書の刊行をもって役割を終えたと考えられる。

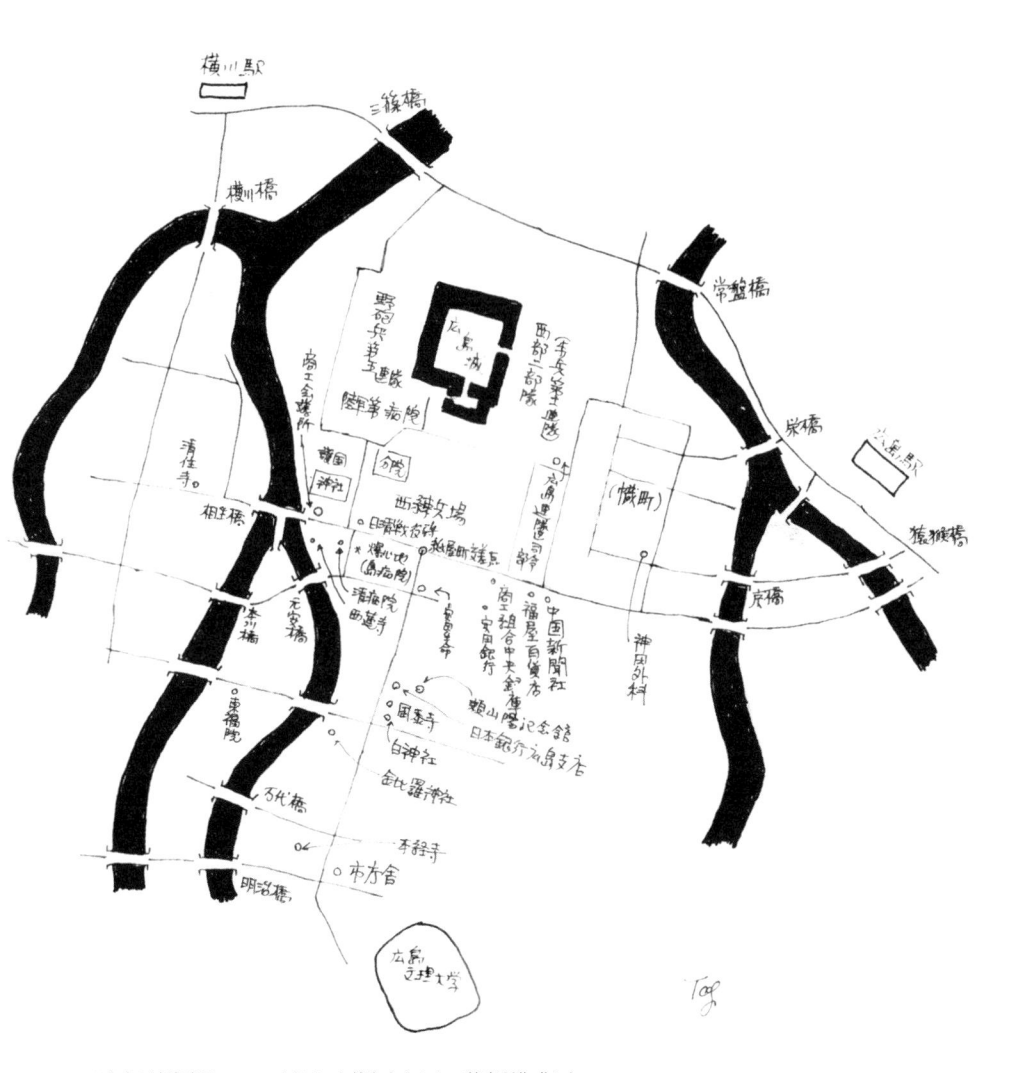

[広島] 渡邊武男のフィールドノート等をもとにして筆者が作成した

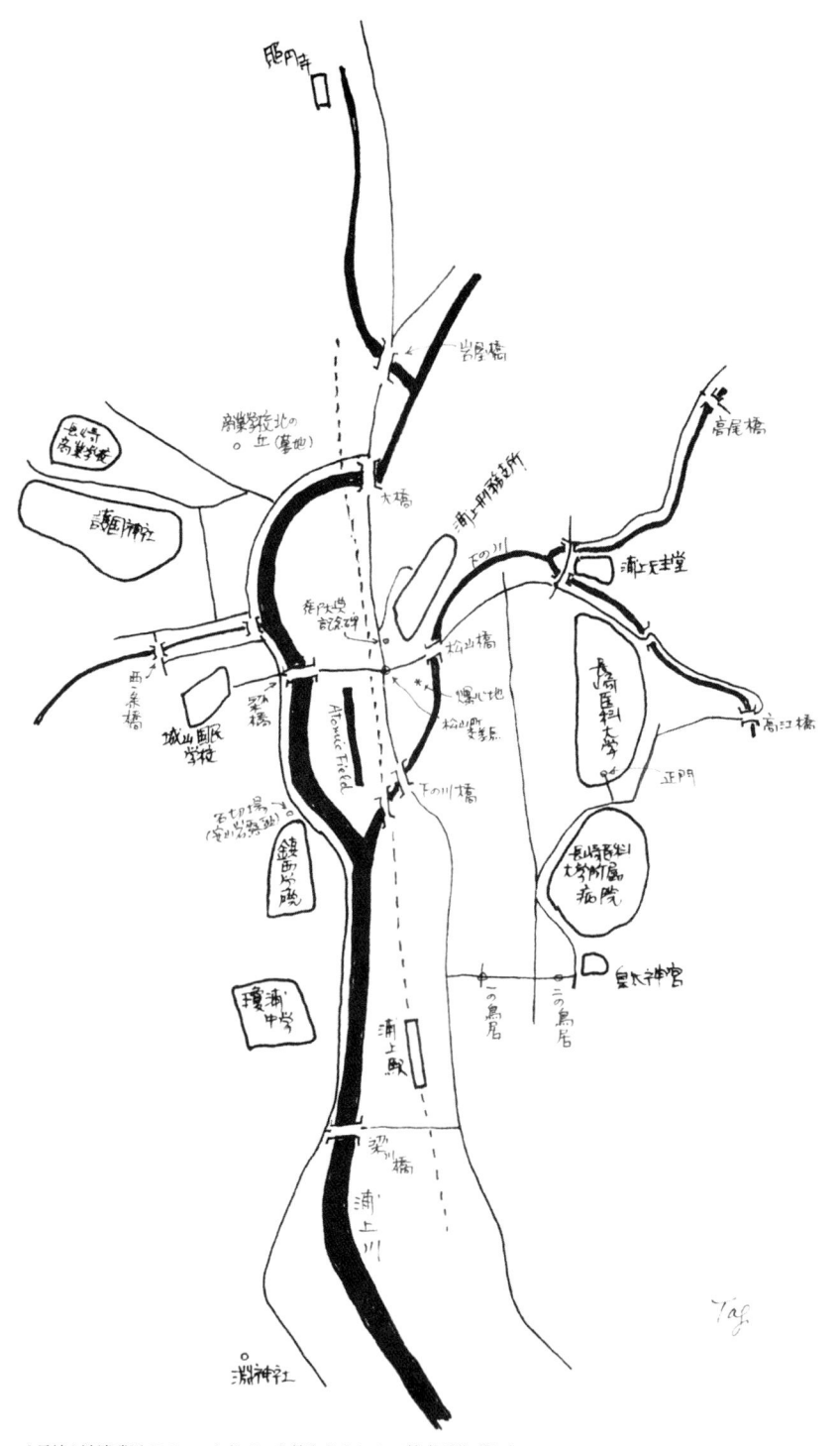

[長崎] 渡邊武男のフィールドノート等をもとにして筆者が作成した

第 4 章
渡邊調査日記

第4章　渡邊調査日記

■調査前夜

　10月6日に東京を出発した渡邊は10月8日広島に到着し海田市に宿泊した。戦争中、東海道線を走る急行は次々に運休に追い込まれ、東京発8:30の門司行きの急行が唯一本運行されていたようである。渡邊も10月6日の東京8:30の門司行き急行に乗り込み、広島に到着したのは8日早朝3:37であった。8日は午前中に広島文理大学(現広島大学)の小島丈児と会って、広島の被害状況を確認し、また調査の段取りを相談した。当然のこととして、小島や当時広島文理大の嘱託であった長岡省吾は渡邊の到着以前にも広島を調査していたと思われる。8日の夕方は日本映画社の相原秀次と会った。相原は10月1日から広島に入り調査団に同行して撮影を指揮していた。渡邊は相原から爆発時間、爆発後の降雨、火災、焼痕、爆風などについて情報を得て、海田市に戻った。原爆投下後2ヶ月の広島市内は原爆の破壊から未だ立ち直っておらず、宿泊に適した場所を見つけることは出来なかった。調査には不便であったが海田市を宿泊地に選び、調査のために広島へ毎日往復せざるを得なかった。海田市での宿舎は日本製鋼の報国寮を借り上げたもので調査団のために用意されていた。

　渡邊の調査には先発隊がいた。先発隊として行動したのは商工省地下資源調査所の平山健であった。平山は10月1日から7日まで長崎の調査に当たっていた。平山は10月2日に物理班と共同で浦上町東北部において降下物の調査・採集を行った。3、4日は雨天のため室内作業に費やし、5、6日は爆心付近で降下物の採集と原爆の岩石や瓦などの被害の調査を行った。平山

は7日に長崎を離れ、8日に広島に到着した。渡邊は9日に平山から報告を受け、今後の被爆調査の手法を検討した。10日は調査の準備に当てられたようである。小島、相原、平山から得た情報を基にして熟慮の末、現地での調査には自分が普段から行い、習熟している野外調査の手段をそのまま適用することを決心した。

渡邊に与えられた原爆被害調査の目的は、3つあった。第一に原爆の岩石に与えた影響と被害の範囲を決定すること。第二に熱線による影の測定から原爆の爆発の中心を決定すること。第三は物理班の放射能測定のために試料を収集し提供することであった。

■広島原爆被害調査

昭和20年10月11日　快晴

いよいよ本日から調査開始。天気は良好である。渡邊は地下足袋にゲートル巻き。作業着を着て腰にはハンマーとクリノメータ。採集標本を入れるリュックを背負い、肩からフィールドノートや地図、筆記具などを入れた野帳ケースを下げるという地質調査でおなじみの姿である。広島駅頭に立った。被爆から2ヶ月後。あちこちに原爆の惨状が残されているに違いない。しかし与えられた命令は岩石の被爆状況調査であり、渡邊は見聞きするであろう惨状への思いを胸に深くしまい込んでいく覚悟を決めた。

フィールドノートに最初に記載されている調査点は「栄橋」である。原爆の被害を爆心からの距離を基準にして調査する場合には、足下に散乱してい

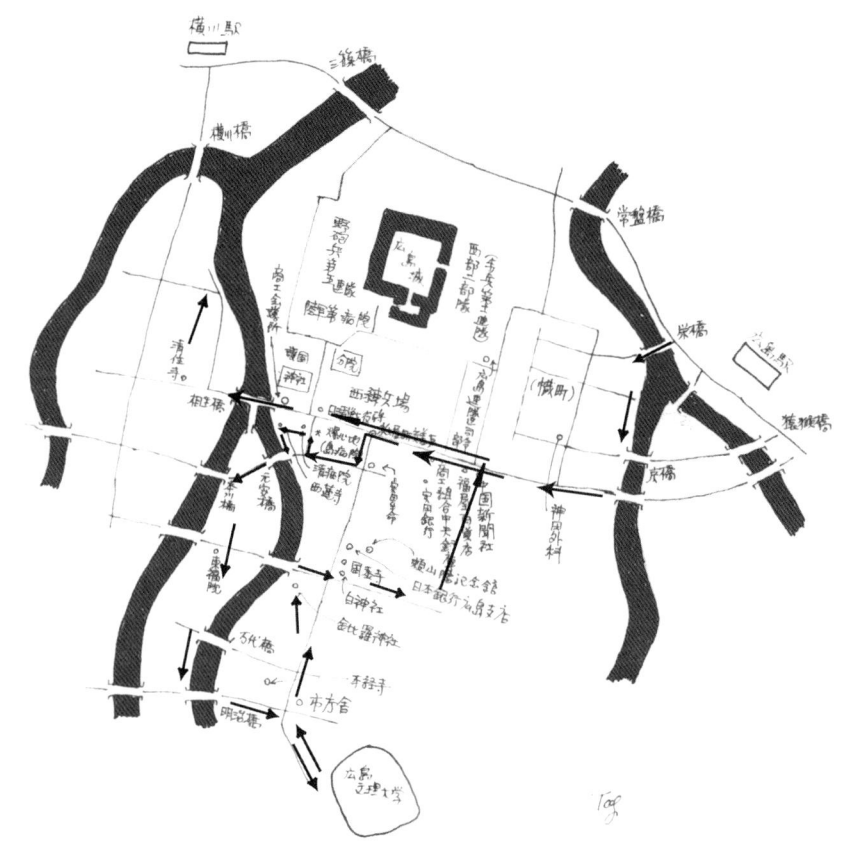

昭和 20 年 10 月 11 日　調査地点番号 1「栄橋」から始り「空鞘神社」までの調査コース

る瓦礫は調査対象にし難い。というのは、その破片が被爆時に存在していた場所が一般的には特定できないからである。その点から考えると「栄橋」のような破壊されずに残されていた建造物から標本を採集することが望ましい。その上に、橋は周囲を覆う遮蔽物がなく、原爆の熱線の影響をそのまま記録しているに違いない。従って、採取した場所ばかりでなく、どの方向を向いていた箇所かまで記載できる。

　「栄橋」は広島駅前の京橋川に架かる橋であり、原爆に耐えて破壊されずに残されていた。栄橋を作り上げているコンクリートや、花崗岩製の橋の石柱には変化は認められないし、また付近の全焼した家屋の瓦にも変化はない。渡邊は調査地点番号 1 の「栄橋」では標本を採集することなく、単に、「栄橋（人造石）、花崗岩　石柱変化ナシ、全焼　瓦変化ナシ」とだけフィールドノー

クリノメータによる熱線の影の測定

トに記述した。ここで渡邊は、これから調査対象となる岩石や建築素材の内の主要な3種類であるコンクリート（渡邊は人造石と呼んでいる）、花崗岩、瓦の3種類を目にしたのである。栄橋の爆心からの距離はおよそ1500mである。

　栄橋を後にして渡邊は京橋川に沿って南に下った。途中にある門の土台が花崗岩で出来ており、その両面に孔があいていることをメモし、京橋の傍らを通る。京橋の石柱や瓦にも変化がない。そこで川を離れ電車通りを爆心方向に移動する。途中の街路樹は一方向が焦げている。勧業銀行の廃墟を左に見ながら、中国新聞社、福屋百貨店を過ぎる。大きなコンクリートの建物は、外観は一応保たれているが内部の損傷は著しい。またその周辺は焼けた立木や散乱する木材・コンクリート片で埋め尽くされている。

　商工組合中央金庫のところで足を留めた。商工組合中央金庫は爆心から約610mである。爆発の中心を知るために重要な情報である花崗岩に残された熱線の影を発見する。影の方向を逆に辿っていった延長線上に爆発の中心があるからである。地質調査で地層の方向や傾きを測定する機械であるクリノメータを使って影の方向を測定すると東西方向であった（N-W）。ここで花崗岩に付けられた影の様子をスケッチし写真を撮る（注：写真現存せず）。

　商工組合中央金庫に隣接する誓立寺では岩石の剥離が著しい（注：誓立寺は中区立町1－20にあったが戦後に移転した）。この地点まで来ると、爆

爆心地島病院で放射能を測定する物理班 　　島病院の棟瓦

島病院筋向かいの清病院の塀
（撮影：林重男、広島平和記念資料館提供）　　清病院の塀

心方向を肉眼でも見渡すことが出来る。一面の瓦礫に中にコンクリートのビルが点々と残されている。電車通りは市電が走ってはいるものの、木造の建築はことごとく倒壊し、一歩中にはいると瓦礫を敷き詰めたような様相である。電車通りを更に進み紙屋町交差点を左折して、安田生命ビルに向かう。ここでは花崗岩に付けられた影を測定しN40°W（北から40°西に振った方向、以下同様）という値を得た。安田生命ビルは爆心から250mである。

そこから爆心地の方向に曲がり、いよいよ爆心地とされる島病院に至った。島病院も完全に倒壊し瓦礫の山となっているが、西洋風の建築であった島病院の面影が僅かに円形の窓に偲ばれる。島病院跡では調査団物理班がローレンツェン検電計で測定をしている。その様子を撮影し、島病院の棟瓦を標本として採集する。棟瓦は屋根の最上部にあるために熱線が遮られることなく照射される。従って棟瓦は熱線の方向を知ることに適している。島病院の棟瓦は上部が均一に熔解し粒状のガラスになっている。熔解が極表層に留まっていることから、数千度の熱線が短時間、真上から照射したことを示している。次に島病院の筋向かいにある清病院に立ち寄り、病院の塀と入り口の写真を撮影した。（注：写真には瓦礫の中に残る清病院の門柱と塀の一部が写されており、門柱には清茂基、塀には患者通用門の文字が読み取ることが出

元安橋西詰めから。欄干が左右にずれている。
(撮影:林重男、提供:広島平和記念資料館)

元安橋の橋柱

来る。この時、渡邊は清病院の塀の異質な素材に気づいたに違いない。帰りに再び清病院跡を訪れ標本を採集しているからである)

　次ぎの調査点は、元安川に架かる元安橋である。元安橋は爆心から130mの距離にある。元安橋の欄干の上部にある笠石が橋の左側では左にずれ、右側では右にずれたことから、橋の延長線上に爆発の中心があることが予想される。欄干は花崗岩であるが、表面のハジケが著しい。このハジケは花崗岩中の石英が熱線の影響で急激な体積変化を起こした結果である。石英は573℃で低温型から高温型へ相転移を起こす。この時体積が約5％増加する。原爆の熱によって花崗岩の表面にある石英が体積膨張してはじけ飛んだ結果、花崗岩の表面がザラザラになったのである。柱の東北隅の花崗岩を標本として採集したが、ルーペで観察すると黒雲母が多少溶けている。元安橋と書かれた銘板は方解石で出来ているが、こちらは変化がない。方解石は本来は熱に弱く約900℃で分解する。しかし、熱線の照射が短時間であった上に、白色の方解石は熱線を反射して温度上昇が少なかったと思われる。

　元安橋から来た方向に少し戻り、元安川沿いに並んでいる西方寺と西蓮寺の墓石を調べる。墓石の上面にのみ焼け痕がある。これは熱線が上方から来たことを示している。立っている墓石が比較的多いことも、爆風が真上から来たことを意味しており、爆発の中心がこの付近の上方であることがわかる。再び元安橋を渡り、本川橋に行く。本川橋は鉄橋であり原爆によって橋桁が移動するなどの破損を受けたが板を渡して応急修理を施し、渡橋可能であった。しかし9月の枕崎台風により流失してしまった。本川橋の花崗岩は割れ

万代橋の欄干アスファルトの上についた欄干の影。
右には人の影。

広島文理大学門

国泰寺の墓石に残された熱線の影(矢印)

跡が著しく、またコンクリートの表面が粗面になっている。本川橋は爆心から410m。川に沿って南下し木挽町の西福院の墓地を調査する。墓石の花崗岩に残された熱線の方向はN60°Eで傾きは48°であった。西福院は爆心から約550m(注：現在の平和記念資料館付近)である。更に南に下り県庁前では花崗岩のハジケが少なくなり、瓦もほとんど溶けていないことが観察される。

　県庁横の万代橋では、橋の手すりの影がアスファルトに明瞭に記録されている。方向はN30°Eで傾きは34°であった。万代橋の爆心からの距離は約900mである。明治橋まで南下すると花崗岩のハジケはますます目立たなくなり、この辺りが限界であるように思われた。明治橋は爆心から約1300mで、材木にも余り焦げた跡は目立たないが、ペンキが塗られた所はヤケが残っている。影の方向はN10°E、傾き28°であった。広島文理大学の門前まで行って引き返す。市庁舎前の本経寺(爆心から1000m)では墓石の花崗岩にハジケが見えるが著しくはない。方向はN7°Eであった。瓦礫の先に鳥居が見えるので行ってみる。金比羅神社であった。神社の標柱に「稽古縄風猶」「照今補典教」と刻まれている。熱線の方向はN20°E。古い孔跡が著しい。更に爆心方向に戻り、日本銀行に隣接する国泰寺に行く。墓石に印された熱線の影が著しい。方向はN17°W、傾きは50°であった。花崗岩中の有色鉱物が溶けている。国泰寺の墓石は倒れているものが多い。

渡邊が商工会議所屋上から撮影したパノラマ写真

金比羅神社の鳥居と標柱。手前の墓地は常念寺。
(撮影：岸本吉太、提供：広島平和記念資料館)

現在の金比羅神社

爆心から約400mであり、爆風は熱線と同じ角度で襲ったであろう。

　渡邊の次の調査点はノート上の記載が「寺の墓地」とあるだけで場所は特定できていない。しかし墓石の残された熱線の影は方向N20°W、傾きは20°とあることと瓦がほとんど溶けていないとの記述がある。爆心と国泰寺との延長上でおよそ1300mにある寺ではないだろうか。次の調査点は「鳥居多少孔あり」とあるので神社である。この場所も不明である。鳥居の花崗岩が少し孔があいている程度で、付近の墓場の墓石の西側が散点状であるとの記述がある。(注：筆者の想像では国隆寺や胡子神社などの可能性がある)

　ここから再び爆心に向かう。猿楽町付近の電車通りから大手町方向を向いてパノラマ写真を4枚撮影した。その後、朝訪れたときから気にかかっていた清病院を再び訪れ、塀の上に笠木のように乗っている鉄平石を採集した。それから相生橋横にある商工会議所ビルの屋上に上がって4枚のパノラマ写真を撮影した。東は電車通りの紙屋町付近から西は相生橋までの180°である。(注：ちなみに調査団の随行カメラマンである林重男は、同じ位置から裏の護国神社まできっちりと360°の写真を撮っている)。商工会議所屋上からの撮影を終えて、相生橋を渡る。相生橋の両側は川面で反射した爆風に煽られ浮き上がってずれている。橋脚には先日の大水による流木が積み重なって未だ残されている。相生橋を渡ってすぐの清住寺の墓石で熱線の方向を

清病院の塀の上の鉄平石　　　清病院の鉄平石

N55°W、傾き36°と測定する。爆心から500mである。その後別な墓所で熱線の影を測定してN75°W、傾き46／50°を得た。（注：この値から、善応寺や本覚寺、妙頂寺の可能性がある）。また瓦礫と化した空鞘神社で石柱からN30°Wという測定値を得ている。空鞘神社を最後に10月11日の調査は終了。海田市に帰る。

10月12日　晴
　午前中は己斐の石材屋の蔭田造太郎氏を訪れて、広島で使われている石材の調査をする。昨日の調査で広島の主だった建築素材は花崗岩、少数の安山岩、コンクリート、瓦、煉瓦などであることがわかった。従って、広島市内の各所からの被爆岩石を相互に比較検討するためには、広島でどのような岩石が建築素材として用いられているかを事前に把握しておくべきであると考えたからである。
　蔭田氏の話から、
1）広島で建材として最も多く使われているのは山口県徳山の島から産する花崗岩で「徳山石」と呼ばれている。白色で目が粗い。

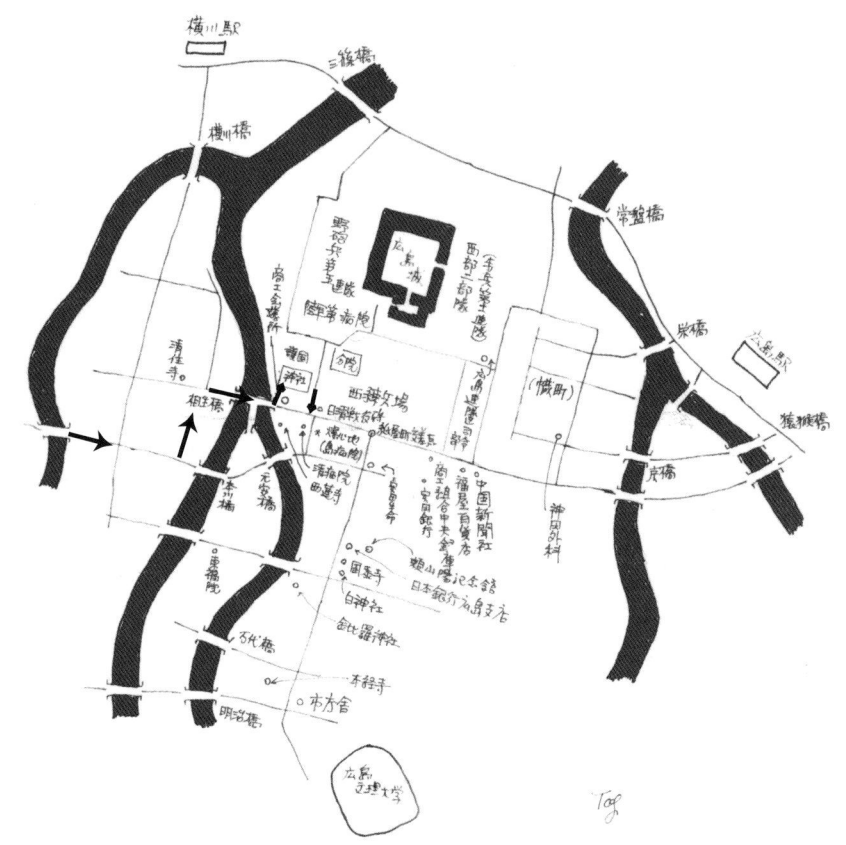

昭和 20 年 10 月 12 日　己斐・古江地区を調査の後、堺町から護国神社への調査コース

2）広島の倉橋島から産する花崗岩も使われているが安価であることから敷石などに多く用いられている。目が粗く少し赤みを帯びている。赤みを帯びているものは、しばしば「まんなり」と呼ばれている。
3）護国神社に使われている石は殆ど徳山石である。
4）日本銀行の側の明治生命ビルでは愛媛県越智郡の「よそくに石」が使用されている。
5）練兵場東端には尾道産の「くろごま石」が見られる。
6）鉄平石は長野、山口のものが使われている。
（地理班の木内信蔵の調査では広島で多く使用されている瓦は菊間瓦で西條産が多い。特に爆心地付近で多く見られる。また伊豫製瓦組合の印が押された瓦もある）などがわかった。

古江からの写真とスケッチ

　石材屋の調査が終わり、昼食を取った後に、己斐の被害状況を調査し、爆心に向かうことにした。己斐付近では、電柱に焼跡が見られ松の木の一部にも熱線の照射方向に焦げた跡がある。民家は倒壊していないが窓ガラスは飛散している。古江の東側の崖下で昼食を取り、そこで2種類の砂を採集する。一つは表面の砂、もう一つは崖下に作られた防空壕の中の砂である。ここからS10°E、S40°Wの2枚のスケッチを描き写真を撮る。古江の浅川喜市氏を訪れ、話を聞く。閃光が走った後に爆風が来たが熱さを感じることはなかったという。浅川宅前の道から土を採取する。更に藤井氏宅で話を聞く。住吉橋で火傷を負った少年の話では白い色の着物を着ていると被害が少なく、ズボンをはいていたところが火傷したとのこと。藤井宅に残されていた熱線の影から方向N75°W、傾き14°の値を得た。

　己斐から広島市内に向かう。己斐橋、福島橋、天満橋を渡り堺町に入る。堺町の角にあった喫茶店風月堂に木目の細かい花崗岩を見つける。ハジケが著しい。爆心からの距離は約800m。壊れたトラックの側に横たわっている花崗岩の斜めに角を削った部分に孔が著しく、垂直に立っている部分は孔が少ない。ハジケて孔の著しい部分の試料を採集し、スケッチして写真を撮る。相生橋を渡って護国神社に行く。護国神社には電車通りから入る参道があるが、相生橋から川に沿って裏参道から拝殿に向かった。木造であった護国神社は完全に破壊され本殿の基礎を残すのみである。社務所跡には菊間瓦と思われる瓦が散乱している。一面に敷かれている玉砂利は表面が熱線で熔解してガラス状になっている。周囲の玉垣に残された影から熱線の方向が

堺町風月堂前

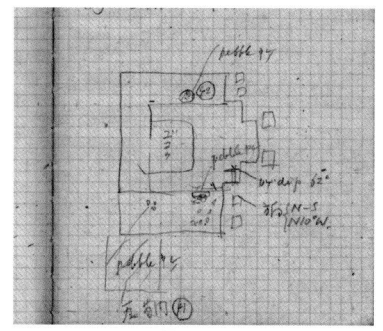

フィールドノートに描かれた護国神社　　護国神社の玉砂利

護国神社の大型狛犬

玉砂利の拡大写真

護国神社表参道の入り口

N10°W、傾き62°であることがわかった。拝殿前の石畳から石段を下りると左右に花崗岩製の大型の狛犬が倒壊せずにそのままある。その横に左右2個ずつ灯籠があり、灯籠上部が落下したりずれたりしている。その南側の一つに残された影からも、ほぼ同様の値が得られた。灯籠は徳山石である。ここでは瓦と玉砂利を採集する。護国神社の玉砂利は黒色の頁岩が主であり、表面のガラス化した部分がやや緑色を帯びている。他の玉砂利で一部が覆われていると熱線照射を受けてガラス化した部分と変化を受けない部分の境界がくっきりと浮き上がって見える。

　本殿は爆心から370mである。北と正面にある鳥居は両方とも倒壊して参道を塞いでいる。神社から東に参道を行き、右に曲がり表参道を爆心方向に移動する。電車通りからの参道の入り口には鳥居や狛犬（唐銅）、鳥居、石灯籠、標柱などが爆心近傍でありながら倒壊せずに残されている。爆風がほぼ真上から来たために倒壊を免れたと思われる。鳥居に掲げられた額の爆心側が残り、反対側が失われていることも、爆心側の額の傾きが爆風に平行であり、他方が爆風を受ける方向にあることと整合している。青銅製の狛犬の台は徳山石であるが中央部の台座は「さぬきあじ」か「よそくに」である。台に「依義顕名」と「謁忠彰立」の文字が読み取れる。石灯籠は徳山石であり熱線の傾きは66°であった。標柱は「さぬきあじ」の研磨されたもので余り熱線の影響が残されていない。石英安山岩かもしれない。夕闇が迫ってきたために、本日の調査はここで終了し、広島駅から海田市の宿舎に戻った。

(注：広島護国神社は、その後広島城趾に移転し、参道入り口の鳥居と標柱は広島城裏御門に、唐銅狛犬・石灯籠（参道入り口、拝殿前）などは移転した護国神社に移設されている。また、護国神社北側の倒壊した鳥居の土台石が青少年センター近くに保存されている。護国神社北側にあった中津宮は青少年センター北側に再建され、石灯籠も移設した。これらの移転・移設に際して多くの遺物が失われたようである）

10月13日　晴
　本日は広島調査の最終日である。朝5時に起床し朝食を済ませた後に7時海田市発のバスで出発の予定であったが、途中で傘を忘れたことに気付き、宿に引き返す。山崎は予定通り広島に向かった。渡邊は海田市でバスを待っている間に広島の今村外治に出会い、今村が調査に同行することになった。9時15分発大野浦行きバスに乗り、広島に向かう。9時50分広島駅着。本日は北部の軍事基地のあった基町を中心に調査する予定である。
　駅前の猿猴橋の徳山石は変化が無く、付近の瓦は新元、亀井、伊豫瓦組合のものが散見される。京橋付近の徳山石も変化無く、周辺の瓦は菊間である。芸備銀行京橋支店を経由して幟町地区に入る。幟町の神田外科の門柱に着目した。門柱の石材は「さぬきあじ」か「よそくに」であり、土台に近い方は孔が空いている。さらに北に行き東警察署白島巡査派出所に至ったが、この辺が石のハジケの限界であろう。爆心からの距離は約1500mである。
　来た道を少し戻り、基町の入り口にある広島連隊区司令部の石柱を見る。

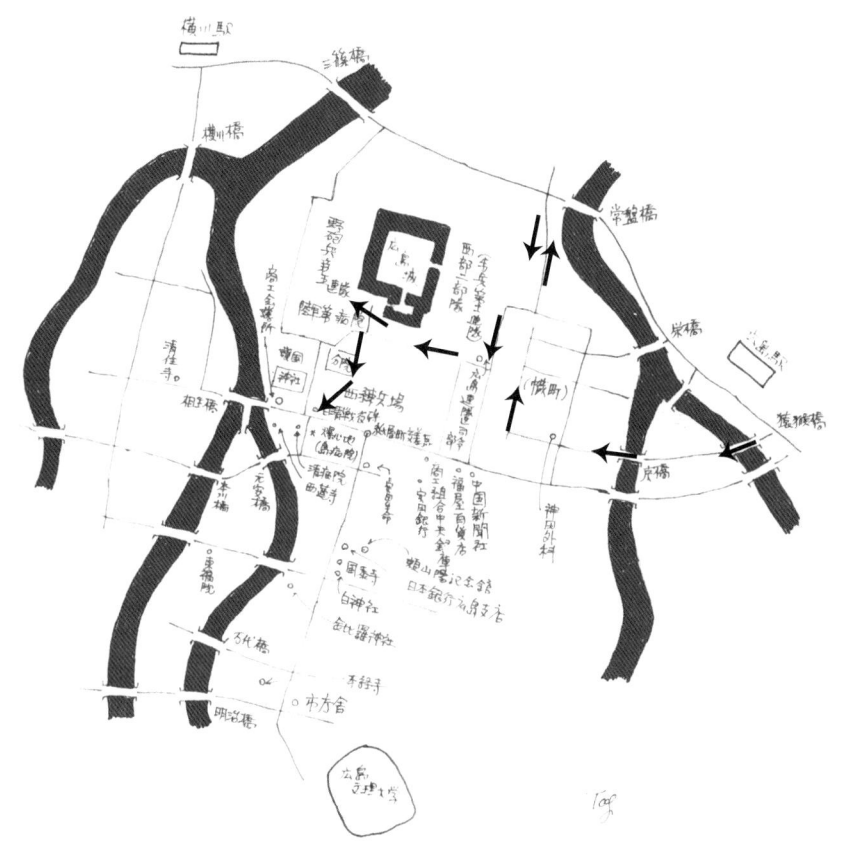

昭和 20 年 10 月 13 日　猿猴橋から幟町・基町地区の調査コース

花崗岩でありハジケが見られる。爆心からの距離約 1000m。連隊区司令部から西に進むと、大本営があった広島城跡を間近に望み瓦礫と焼け焦げた樹木の間に顔を残すものの頭部が吹き飛んだ像が立っていた。西部二部隊跡にある杉本中佐像である。像自身は熱線の照射方向が焦げており、赤味を帯びた花崗岩の土台はハジケている。西練兵場の北側に沿って西に進むと野砲兵第五連隊の入り口で門柱の影の方向を測定し N45°E なる値を得た。門柱は徳山石である。野砲兵第五連隊の入り口から第一陸軍病院第一分室の門柱（注：第一陸軍病院の門柱ではないか）が立っているのを見つけ、今村を傍らに立たせ写真を撮る。曇り気味であったので絞り F6.3、シャッター速度 1/40 にした。熱線の方向は N15°E である。門の扉が傍に倒れていたが表面が焦げていて木目がはっきりとしていた。西練兵場を電車通り方向に戻り、

第 4 章 渡邊調査日記　59

第一陸軍病院第一分室門、今村外治

　上部が破壊されて土台が残されている日清戦役碑（注：一説に、既に上部の金属部分は供出されて被爆時はなかった）のところで敷石を採集した。

　ここで時間となり広島駅に戻った。1時30分発の汽車に乗り大野浦に向かう。非常に混んでおり客車に入り込む余地はなく、やむを得ず炭水車に乗った。大野浦に到着後、徒歩で玖波に向かう。玖波では長岡省吾宅に立ち寄って、その後小島丈児を訪ねたが不在であった。今夜は長岡宅に宿泊することとなった。長岡と話し合った結果、長岡も長崎に行くことになった。明朝は早いので10時半に就寝した。

■長崎原爆被害調査
　10月14日　快晴
　6時30分に玖波で長崎行きの切符を購入して出発する。車中から先日の枕崎台風による山津波を偲んだ。京都大学医学調査班が、大野町にあった大野陸軍病院を宿舎にして広島を調査していたが、台風による山津波で遭難して真下教授以下11名が死亡した事件である。また山口県岩国では車窓から米軍による激しい爆撃の跡が見えた。徳山では徳山港の西南に、広島で多用されている花崗岩の供給源の一つである黒髪島を見ることが出来た。（注：国会議事堂の建設（大正6年）にも使用された「徳山みかげ」を産出する島である。黒髪島の採石は、明治の初期に始まったようで、明治の末には西日本ばかりでなく、朝鮮半島や中国などへも輸出されていた）。防府、宇部、下関を経て、戦争直前に突貫工事で完成した関門海底トンネルを通過して

門司に到着したが、門司発 14 時 35 分発の列車に乗ることが出来なかった。長岡と一旦門司で別れ、渡邊らは門司港まで戻り、16 時 30 分発の汽車で博多に向かい、17 時 30 分に博多に到着することが出来た。当時、博多港には朝鮮からの復員船が連日甲板からこぼれ落ちるくらいに復員兵を満載して到着していた。渡邊は博多駅で故郷に向かう多くの疲れ切った復員兵の姿をみて深く心を痛めた。朝鮮から帰ってくる人々のこれからの苦労を考えて「涙すら出ない」と書き記している。博多に到着した渡邊らは、その足で九州帝国大学の地質学教室を訪問し、今野博士に調査について説明し協力を求めた。21 時 30 分に今野らに見送られて九州帝大を辞し、22 時 20 分に博多駅に戻った。日付が変わった 10 月 15 日午前 0 時 37 分博多発長崎行きの列車に乗り込んで長崎に向かう。列車は相変わらず非常に混んでいて客車内に入ることすら出来ない。仕方なく二等車の便所で一夜を明かすこととなり、朝 6 時に諫早に到着するまでまんじりともすることがなかった。

10 月 15 日　快晴

午前 0 時 37 分博多発の列車で長崎に向かった渡邊らは客車内に入ることもできず、やむを得ず二等車の便所で一夜を明かし、早朝 6 時に諫早に到着した。諫早に到着すると、直ちに宿舎となる諫早水月楼に入った。水月楼は海軍の航空基地残務整理委員のために用意された宿舎であるが、学術研究会が一部を借用していた。大広間を区切って各班に割り当てている。各自ごろ寝して休息を取ったが、微睡む間もなく、すぐに朝食となった。食事の内容

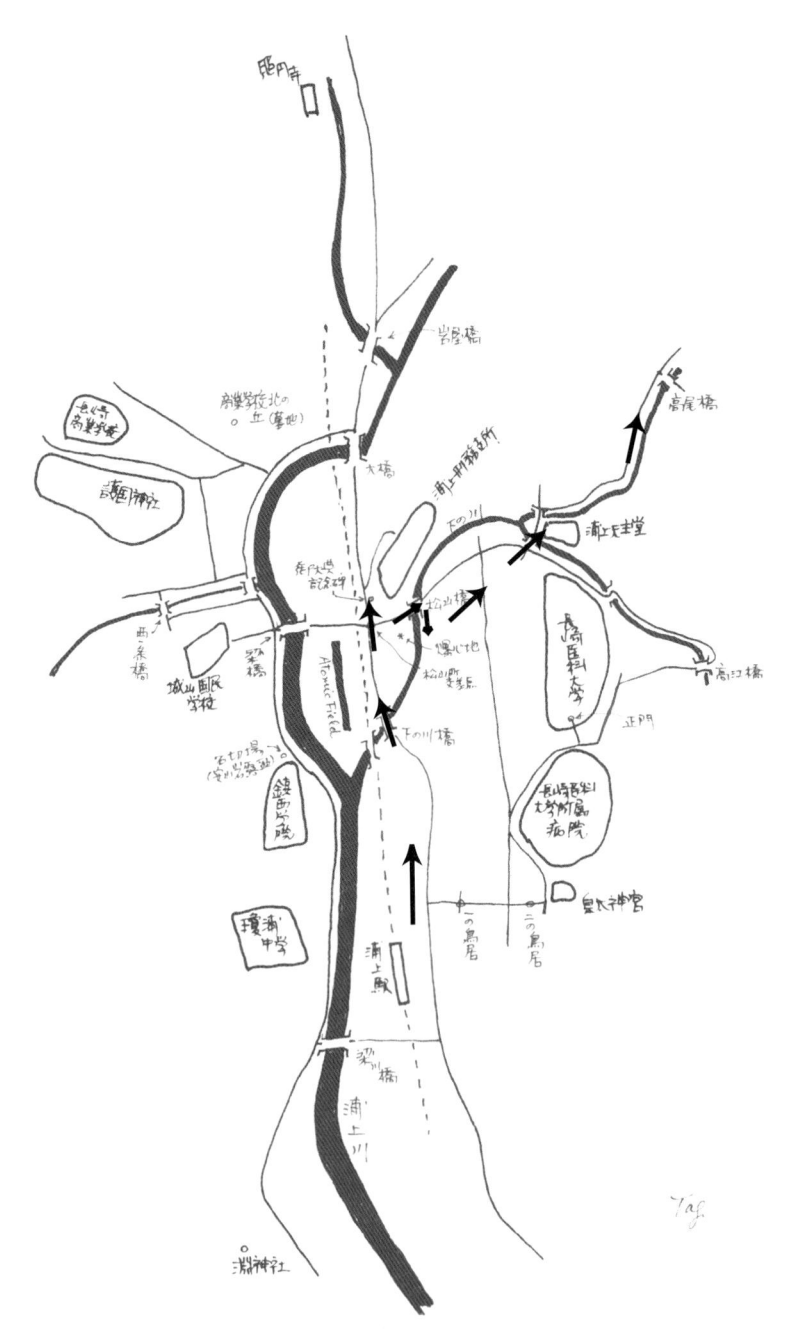

昭和20年10月15日　浦上駅から浦上地区の調査コース

浦上駅、後方は三菱製鋼　　　　　　　浦上駅から調査に向かう渡邊一行

　が広島に比べて良かったようで「食糧ヨロシ」とわざわざメモを残している。慌ただしく朝食を終えて、諫早発8時10分の列車に飛び乗った。同行する者は山崎の他に地理班の3名である。

　山間を抜けると浦上地区に汽車は入る。車窓から目に入るのは、瓦礫が一面に広がる野原の所々にぽつぽつと建物の残骸が立っている風景である。左手に爆心地や山際に浦上天主堂の残骸が見えたと間もなく浦上駅に到着する。9時である。今日の予定は長崎市北部の浦上地区、特に浦上天主堂付近を調査する予定である。浦上駅に降り立つと、駅に隣接する三菱製鋼工場の鉄屋根や構造体が骨だけになって飴のように曲げられているのが目に飛び込む。浦上駅は爆心からほぼ真南約1000mに位置している。周囲を見渡すと、一面の焼け野原で視界を遮るものがない。はるか遠方の山際に建物が列をなすようにいくつか建っているだけである。手前に皇太神宮のものと思われる鳥居、奥にもう一つ鳥居が見えるが片方の柱が無い。2本の煙突の1本が途中から傾いている建物群は長崎医大の付属病院であろう。その南側にまばらに建物が残る長崎医科大学。一列に建物の残骸が並んでおり、その手前は一面の瓦礫の平野である。広島では多くのコンクリートの建物が残っていたのと対照的である。また、周囲には300mくらいの山々が迫っており、三角州の上に築かれた平地の広島とは違う。広島と同様に長崎も被爆後2ヶ月であり、原爆の惨状があちこちに残されているに違いない。与えられた命令は岩石の被爆状況の調査であるので調査はしなければならないが、渡邊の気分は重かった。

第4章　渡邊調査日記　63

浦上駅からの東ー北方向の遠望（撮影：林重男、提供：長崎原爆資料館）

　駅から国道沿いに爆心方向に向かう。途中の民家で瓦の溶融状況を調べる。左手には浦上川が流れており、200m ほど先に下ノ川との合流地点がある。国鉄と市電と国道が平行して下ノ川を跨いでいる。国道の橋が下ノ川橋である。橋はコンクリートで出来ているがコンクリートの欄干の表面が熔解している。爆心間近である。橋の傍らに立って一面瓦礫の野と化している爆心地域を眺める。目を遮るものが無い。北東方向には浦上天主堂の残骸、北には浦上刑務支所の半壊した壁、西には城山国民学校。数百メートル先の浦上刑務支所の小高い丘の麓に記念碑の様なものが立っているのが目に入った。見たところ爆心に最も近い建造物であるようなので、先ずはそこを目指して歩く。途中の防火用水のセメントが泡立ったように溶けており、周囲に散乱している瓦の表面が著しく熔解し、生じたガラスが流れたような様相を呈しているのに気付く。一見して広島の爆心地である島病院で見た瓦より熔解の度合いが激しそうである。しかし、瓦の材質が広島とは当然異なるから、安易な判断は下せないが、第一印象である。

　目指した石の建造物は松山町交差点のすぐ先で国道に面して立っており、高さ 4m 程の御大典記念碑であった（注：現在の平和公園に上る階段付近にあった）。記念碑の上部は安山岩で出来ており、下の台の部分はコンクリートである。熱線を受けた面は裏面で、「御大典記念碑」と刻された面は原爆の熱線を受けていないために変化していない。ここは爆心から約 100m で、原爆の爆風と熱線に耐えてそのままに残った爆心に最も近い建造物であろう。御大典記念碑の裏面は熱線を受けて表面が熔解しガラス化している。表

ドノ川電停付近の民家の瓦　　　　　　御大典記念碑の台座の石

ドノ川の護岸壁

　面が熔解した安山岩を採集する。台座はコンクリート製であるが表面を白と黒の荒い砂粒で塗ってある。白色の砂は大理石であろうか。白色部には変化がないが黒色の砂は溶解してガラス玉になっている。黒色部は熱線を吸収しやすいからである。台座の角を採集する。記念碑をスケッチし写真を撮影する。

　御大典記念碑の調査を終えて松山町交差点に戻る。この交差点の南西角にAtomic Fieldと書かれた木の板が電柱に打ち付けられている。Atomic Fieldとは、米軍が浦上川の河川敷に建設した臨時滑走路のことで、松山町交差点から西へ浦上川の河川敷に出た所にある。ここで松山町交差点を東に折れ、下ノ川に架かる松山橋を渡り、右に折れて爆心から約70mの民家の柱や路上の安山岩を採集した。高台にあがると爆心付近が一望できる。ここから爆心に向けて全体的な写真を撮影し、「さかい橋」際に出る。

　さかい橋は、松山町・浜口町・山里町の境界にある橋なのでさかい橋の名があるようだ（注：このことは筆者の調査で初めてわかった）。橋自身は木製であり、爆風で完全に落下している。橋の渡り口には橋柱がある。片方の橋柱は爆風に耐えて直立しているが片方は川に沿って倒れている。（注：倒れている方に「さかいばし」の名前が刻されている。直立している柱には「昭和3年架橋」の文字が刻まれているが、「橋」の文字は熱線の影響で剥がれ落ちたようである。この柱は長崎原爆資料館に現存するが、直立して残った方の柱であろう）。また脇にある防火水槽のコンクリートの表面は著しく熔

御大典記念碑の写真とスケッチ

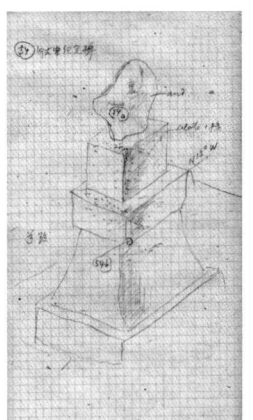

松山町交差点にあった看板

山里町の高台から爆心方向の遠望

解している。橋周辺の素材を数個採集する。スケッチをして下ノ川護岸壁の安山岩が熱線で熔解して斑模様になっている部分の写真を撮影する。ここで原爆を組み立てたというアメリカの海軍大佐に会い、彼から原爆の火球の温度は7500℃に達したとの話を聞く。「さかい橋」から階段を上がったところにある壁はコンクリートであるが表面に白色と黒色の2mmくらいの石が塗り込んである。黒色の石はガラスになって丸くなっているが白色の石は角張った原形を保っている。この点は御大典記念碑の台座と同様である。

　ここで爆心付近を離れ、東に町を抜けて浦上天主堂に向かった。天主堂への途中で民家の瓦を採集する。瓦は筑後城島製で、表面がかなり溶けている。天主堂に上がる坂の敷石に目がいった。敷石は砂岩であり黄色のものが熔解して褐色に変化している。坂を上がって天主堂の前に立つ。瓦礫が山のように積み重なっている中に廃墟のように天主堂の残された壁が立っているのに極めて強い印象を受けた。正面のアーチの横にあり倒れかかっている2本の白色の柱は黒雲母・角閃石花崗岩製であり、黒雲母・角閃石は熔解し、熱線

浦上天主堂の正面

を受けた側は剥離している。根本の丸い土台が割れて落ちているのを採集する。表面がハジケて剥離している部分とハジケていない部分の境界がはっきりしている。天主堂南側の瓦は筑後城島製であるが焼けは少ない。壁面の赤煉瓦は表面が熔解して緑色を帯びたガラスが一面を覆っている。双塔の鐘楼の一方は後方に、他方は北側に落ちている。鐘楼はコンクリートである。廃墟をスケッチして、建造物の素材を確かめる。地面に散乱している様々な素材を廃墟と比較しながら本来あった場所を同定し記載して、スケッチに書き込んでいく。柱の土台に刻み込まれた熱線の影から熱線の来た方位はN60°E、傾き45°であった。また天主堂の前にある1922年に建てられ上部が落下している信仰之礎の土台の破片を採集した。ここで、昼食を取ったこともありかなりの時間を費やした。

　天主堂の坂を下りる右手にある明治37－38年戦役の忠魂碑を調べた。日清・日露の両戦役に倒れた人々を鎮魂する碑であるようだ。忠魂碑は倒壊し、台座の傍に横たわっている。素材は石英安山岩で、熱線の方向がN65°Eであることがわかった。天主堂の前で下ノ川は分岐しており、渡邊は北側

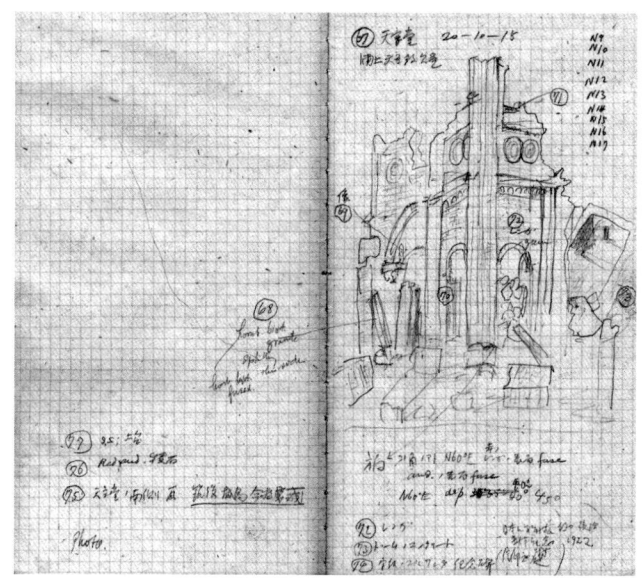

浦上天主堂のスケッチ。　右上番号は撮影した写真番号。

の川に沿って上流に向かった。高尾橋は爆心から750mにあり、コンクリート製で表面が粗くなっているが熔解は見られない。付近の瓦は薄く焼けているがほとんど変化は見られない。ここで調査を終了して15時に浦上駅に戻り、15時35分発の列車に乗り16時30分に諫早に到着した。宿舎に戻って夕食を取る。夕食後、21時から22時30分、物理班の林博士を交えて座談会が持たれた。

10月16日　快晴

　7時15分に宿舎を出発し、諫早駅に7時50分着。8時発の列車で浦上駅に9時到着する。山崎とともに昨日到着した長岡も同行する。本日は浦上駅から東部一帯を調査する予定である。浦上駅から皇太神宮の一の鳥居がよく見えるし、その奥に二の鳥居があるのもわかる。浦上駅からそちらに向かうこととする。国道を東に入ると、まず皇太神宮（現在の山王神社）の一の鳥居に行く。参道を進み、二の鳥居の下まで行く。付近の民家は全て倒壊しているが、その先に半分が吹き飛んだ二の鳥居が立っている。鳥居前の花崗岩製の石灯籠は向かって右が倒壊し、左は笠部がずれているが直立して残っている。この鳥居は徳山産に類似した花崗岩製であり、その影の方向は大略

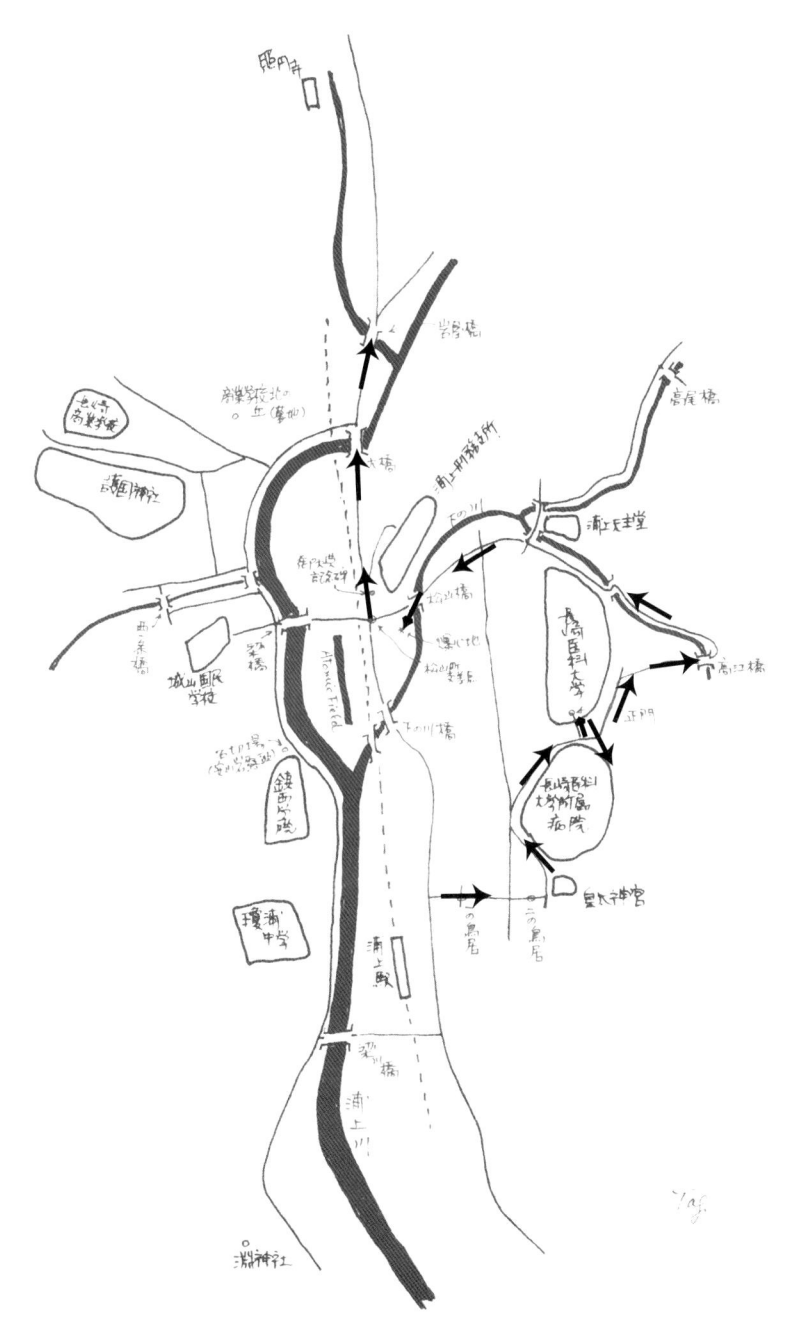

昭和 20 年 10 月 16 日　皇太神宮から長崎医科大附属病院・爆心地の調査コース

第 4 章 渡邊調査日記　69

皇太神宮二の鳥居　　　　　　　　　　長崎医科大学入り口を示す石柱

　N20°W であった（注：渡邊がフィールドノートに記述している N20°W という方向は、約 10°ずれており実際は N30°W に近い）。また爆心からの距離はおよそ 800m である。鳥居の後方から市街地を見下ろすように写真を撮影して神宮に向かう。

　神宮の入り口の大楠は焼損が著しい。社の土台で熱線の方向を測定し N20°W を得たが傾きは測れなかった。医大病院方向へ下る坂道（旧浦上街道）の石段で影を測ると N35°W、傾き 35°であった。測定位置は前方の病院の 2 階窓枠の下側と同じ高さであった。付近の墓石を調べたが影は残されていなかった。旧浦上街道の坂を下って長崎医科大学付属病院の正門に出る。敷石の砂岩には変化なく、門の赤褐色のタイルは割れている。タイルを採集して、付近を見渡すと瓦の熔解したものが多く散乱している。

　さらに歩いていくと、長崎医科大学の門に通じる「長崎医科大学入口」と記された石柱を見つけた。石柱は角閃石安山岩で影の方向は N15°W であったが、この値は少し変である。付近の花崗岩は剥離によって散点状が著しい。構内の南端に正門がある。門は花崗岩製で、熱線の影は N30°W、傾き 48-50°であった。医科大学を出て病院の裏の丘に登り精神科病棟の裏に出る。医科大学は木造建築が多く、殆どが倒壊し瓦礫となっている。それに比べて附属病院はコンクリート造であるために倒壊を免れているが、内部は

医科大学付属病院の裏山から。
精神科病棟前。

爆心地での記念写真。渡邊

山崎（左）と長岡（右）

ことごとく破壊されている。

　昼食を取った後に、医科大学の裏を通って江平町に入った。この付近の瓦の熔解はやや顕著であるが墓石の花崗岩の剥離は明白ではない。江平町の高江橋では瓦に焼けがほとんど見られなかった。これ以上爆心から離れても原爆の効果を見ることができないであろうと考えて、爆心方向へ戻ることにした。江平町から川沿いに天主堂を通り、下ノ川に沿って爆心地に行った。物理班によって爆心に立てられた「Centre」と書かれている土管（注：煙突であったという。その後撤去されて、現在煙突の行方はわからない）を横に記念撮影をする。山崎と長岡で1枚、渡邊が1枚である。（注：この写真は渡邊が写っているただ1枚の調査時の写真である）。ここから岩屋橋に出て、本日の調査は終了する。

　浦上駅まで戻り15時30分の汽車で諫早に帰る。この夜から宿屋を水月楼から道具屋に変える（注：理由は不明である）。この夜、マル秘データとして爆心からの距離による死者・負傷者・行方不明者の数についての長崎県衛生課からのデータを入手した。また爆撃機の侵入高度が9000mで8月9日午前11時2分に原爆が炸裂し、当時は西北の風が吹いていたとのメモも入手した。

10月17日　晴
　6時に起床した。今日も天気は良いが、昨日に比べると寒さが緩んだようである。道具屋の朝食も水月楼と同様に海軍式である。7時20分に宿屋を

出る。8時の諫早発の列車に乗り、9時に浦上駅に到着。本日の調査は浦上の北部・西部の予定である。

　浦上駅から爆心を通り、浦上刑務支所に向かった。御大典記念碑の先に刑務支所正面玄関への登り口があり、この道を上る。坂の途中にある民家のコンクリート製の門柱に目がいく。この門柱には調査団の物理班が保存を依頼するむねのメモが残されていた。門柱の表面は溶融し、その影が明瞭に塀の上に残されている。影の方向はN35°E、傾きは80-82°であった。門柱の一部を採集した。坂を登り切ったところが刑務所本館の入り口である。刑務所の塀の部分が1m位の高さに残されているが、建物自身はほぼ全壊状態である。本館入り口に大理石を張ったコンクリートの車寄せがあるが、熔解は少ない。大理石の白さの影響であろう。影の方向はN-Sで傾きは65°であった。車寄せの写真を撮影して刑務支所の調査を終えて、国道に戻り大橋から岩屋橋に出る。

　岩屋橋の欄干は花崗岩であり、熱線に照射された面は剥離している。岩屋橋を後にして国道を北上し、音無橋を渡る。この付近の電柱は黒焦げになっているが、安山岩の石垣やコンクリートの橋に変化はない。高台に照円寺があるが、本堂は全壊して門柱のみが残されている。ここは爆心からおよそ北に1400mである。照円寺から三菱兵器工場方面の写真を写す。絞りは6.3でシャッター速度は1/40とした（注：写真は現存しない）。付近の墓地を調べると、樹木は焦げているが、墓石の表面に変化は認められず、N10°W方向に一斉に倒れている。爆風の方向がわかる。このあたりの民家はほとん

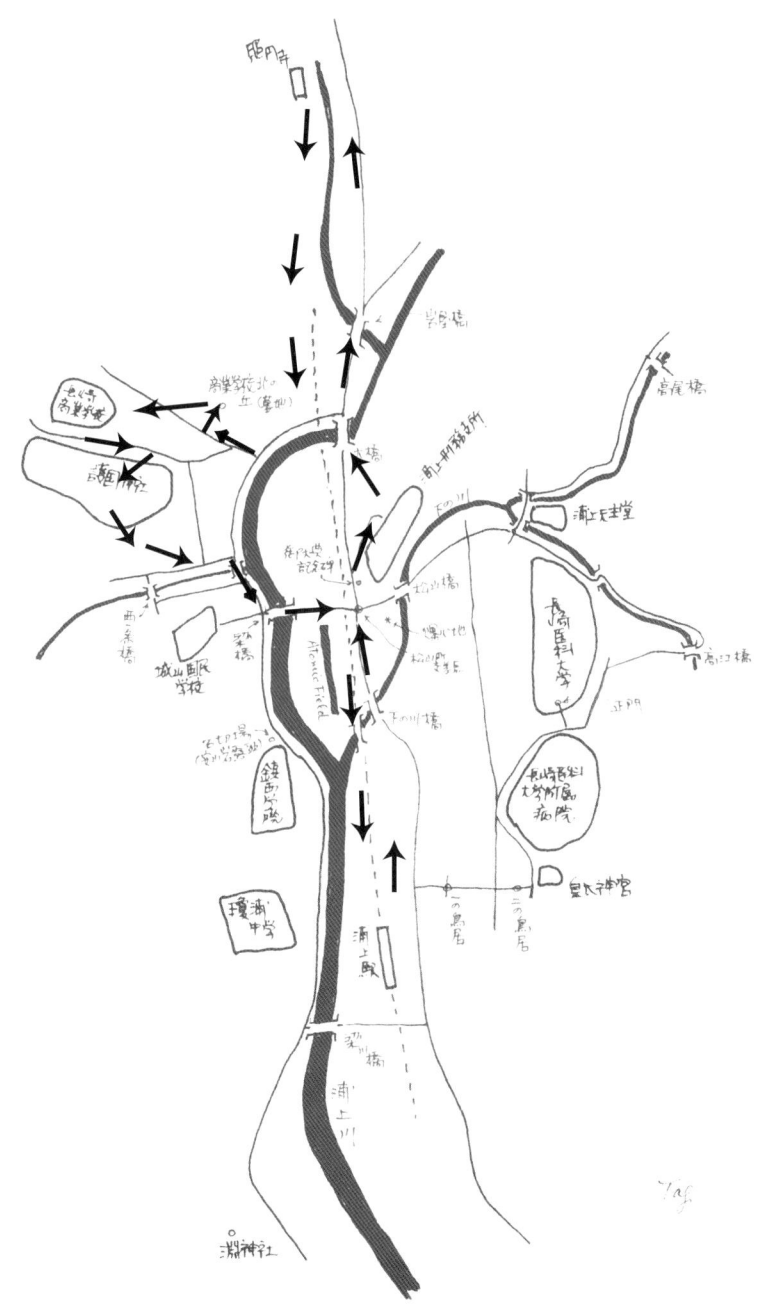

昭和 20 年 10 月 17 日　浦上刑務支所から照円寺、長崎商業、護国神社の調査コース

第 4 章　渡邊調査日記　73

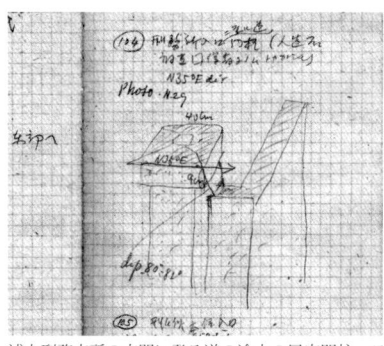

浦上刑務支所の玄関に登る道の途中の民家門柱。スケッチと写真。下はその時採集した門柱の石。

どが全壊しているが、屋根瓦に変化は少なく、瓦の熔解の限界であると判断した。

　岩屋橋に向かって戻り、西郷町に入って、山下氏宅で奥さんに話を聞くことが出来た。山下さんは橋の下にいて生き残ったが、この部落では多くの死者を出し、生き残ったのは子供が2人だけであったという。また、庭の柊は9月中旬まで緑の葉を出さなかったし、普通は10坪で50−60斤近く収穫できる芋も20斤しか採れなかった。また里芋は中がガジガジするし、カボチャも青く味もしなかったということであった。

　西郷町から更に南に行って市立長崎商業学校の裏に出た。長崎商業の北側に小高い丘があり頂上に墓地が見えたので、登ってみる。墓地からは浦上地区が一望できる。遠くに長崎の街が見える。昼食を取りながらスケッチを描く。絵に描いた風景は、墓地からN30°方向である。「尾崎家」と書かれた墓は花崗岩製であるが、花崗岩は表面が剥離している。その割には安山岩の変化は乏しい。昼食を終えて、丘を下って長崎商業に行く。花崗岩の表面には散点状の剥離跡が見られる。熱線の方向はN45°Wである。コンクリートも一部はげている。長崎商業のグランド側の門は新鮮なブロックの石英安山岩で角閃石や黒雲母を含み結晶質である。

　長崎商業から丘沿いに道を行き、丘の上にある護国神社への道を上る。途中の石段に残された熱線の影はN50°W、傾きは32°。石段の素材は安山

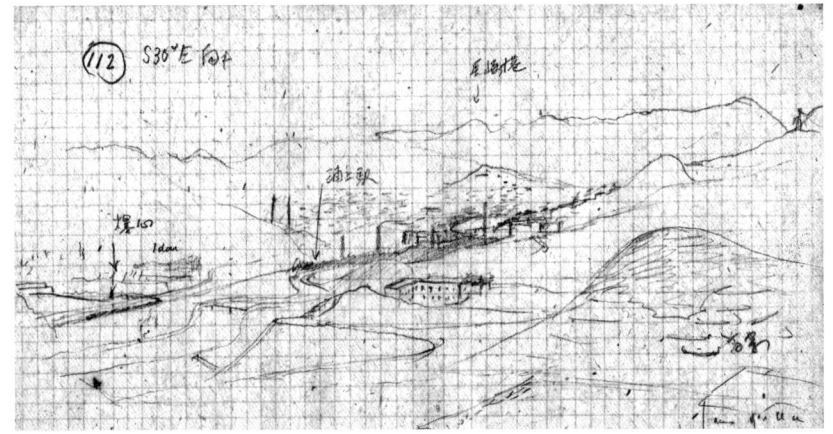

長崎商業学校北側の高台にある墓地からのスケッチ

岩であり、表面は熔解している。坂を登り切ると木製の鳥居が全焼している。目の前には全壊した護国神社の残骸が一面に広がっている。神社の本殿の土台が残されているのみである。神社の土台石は花崗岩であり、その影が敷石の安山岩上に残されている。N55°Wで傾き32°であった。神社の安山岩は熔解し、花崗岩は剥離するのみで熔解は観察されなかった。護国神社の高台から周囲を見渡すと、浦上地区は瓦礫の野であり山里国民学校の廃墟や遠く皇太神宮を望むことが出来る。山里国民学校はN70°W、皇太神宮はS40°Eの方向であった。登ってきた道とは異なる西側の石段を下る。途中3種類の試料を採集した。白色の石と黒色の石、そして熔解した瓦である。いずれも階段の左側にあった石である。

　護国神社からの帰りの途中にある墓地で田川家の墓石上で影を測定しN70-80°W、傾き28°を得た。浦上駅への線路上で多数の砂利を採集する。多くの種類の石がある（注：残念ながら正確な採集場所は記載されていない）。

　3時20分に浦上駅に戻り30分発の列車で諫早に戻る。4時30分諫早着、5時道具屋に帰着。

　10月18日　晴れ、夕刻雷雨
　6時起床、7時15分宿を出発。8時10分諫早発、9時10分浦上駅着。今日の予定は、午前中に浦上地区の北西部を調査し、午後は浦上駅西部を見学する予定とする。

浦上駅から松山町まで行って、梁橋から浦上川を渡る。浦上川に流れ込む城山川に沿って西方向に歩く。城山川にはいくつもの橋が架かっているが、コンクリート製の西一条橋で熱線が橋柱の影を欄干に付けているのを見つけて方向を測定した。熱線の方向はN80°E、傾きは48°であった。西一条橋は爆心から約520mである。西一条橋から城山小学校の横を通って鎮西学院（注：現在の活水学院）下の崖に行く。ここは旧石切り場であり、数少ない原爆の熱線照射を受けた安山岩の露頭である。露頭面は爆心を向いており、表面の熔解が著しい。安山岩は（複）輝石安山岩で新鮮な面は淡緑色をしている。標本を採集した地点は浦上川から40mであり、爆心からの距離は500mであった。ここで昼食を取る。

　昼食後は更に南に下り瓊浦中学（現在の長崎西高校）の西にある墓地を調査したが、瓦の熔解はこの付近が限界のようであった。墓石の花崗岩は「マンナリ」と俗称されているものであり、ハジケは多少見られる程度であった。安山岩の新鮮な部分は変化していない。瓊浦中学は爆心から南南東方向に約900mである。この後、更に淵神社まで南下した。淵神社の鳥居は徳山石に似た花崗岩であり、ごく僅かハジケている。花崗岩のハジケの限界である。安山岩は変化なし。付近の電柱は焦げている。淵神社は爆心からおよそ1700mに位置している。瓦や花崗岩、安山岩の変化の限界を確認したので、浦上川沿いに戻り、梁川橋を渡り浦上駅まで戻る。浦上駅2時30分着。まだ時間があったので、浦上駅の東側を調査する。駅入り口の柱を見ると、その土台は花崗岩であり、照射面に顕著な影が認められ、熱線の照射方向は

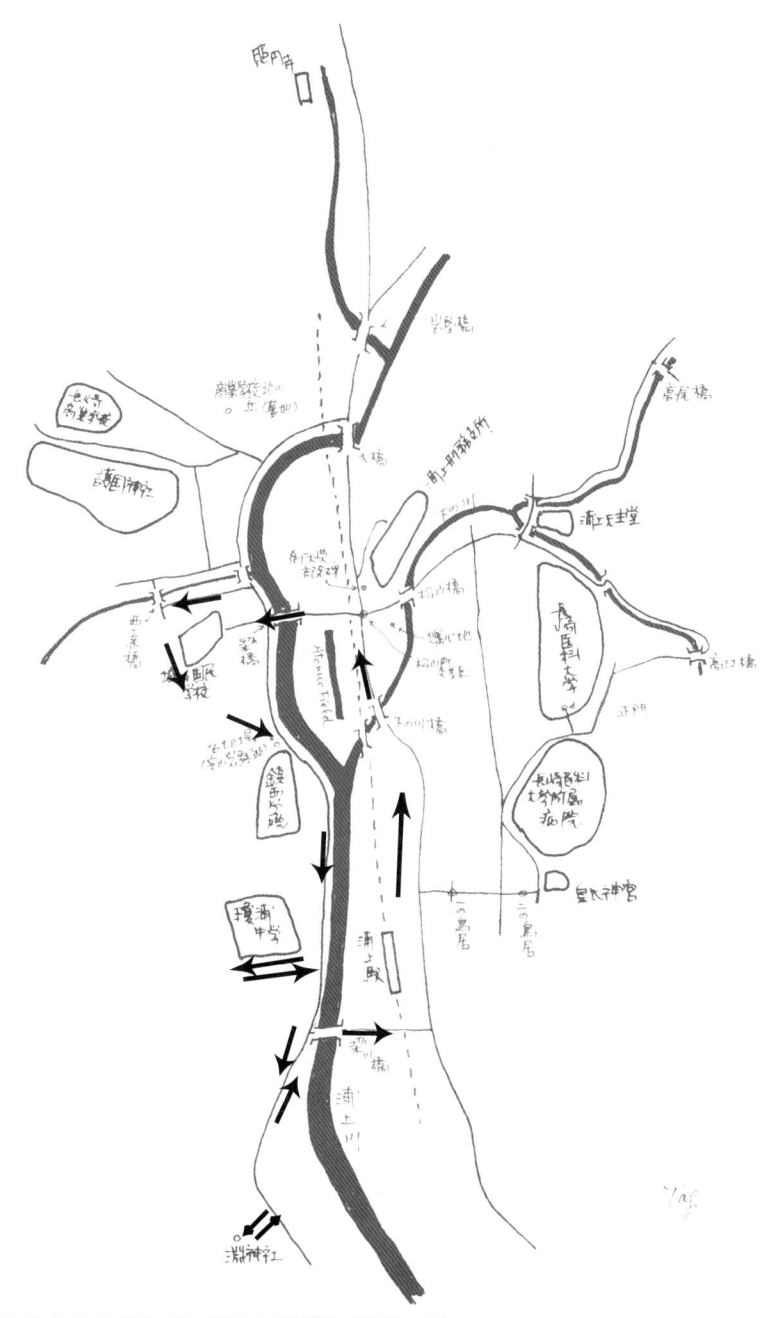

昭和20年10月18日　西一条橋から鎮西学院、淵神社の調査コース

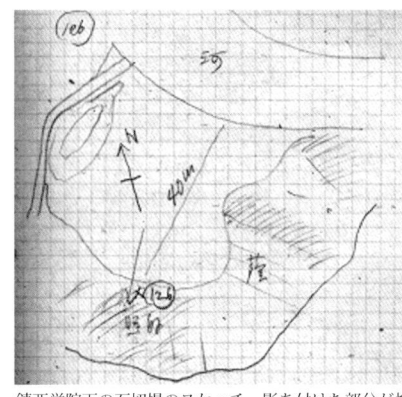

鎮西学院下の石切場のスケッチ。影を付けた部分が熔解している。右はその時採集した標本。

N-S であった。

　午後 3 時 30 分発の汽車に乗り、4 時 30 分諫早に着く。諫早駅から徒歩で宿舎である道具屋に戻ったが、途中で雷雨に遭った。土砂降りの雨のためずぶ濡れになった。6 時 30 分に夕食を取ったが、雨に濡れたこともあって風邪気味であり、熱もある。解熱剤ポンピリンを 3 錠飲んで 7 時 30 分早々に寝床に入った。

　10 月 19 日　曇り、時々小雨、後晴

　6 時に起床したが、昨夜来風邪気味である。但し熱は下がったようである。7 時 30 分に宿舎である道具屋を出発。8 時諫早発。今日は長崎市内まで出かける。午前中は大浦教会を見る。長崎市内は原爆の直接的な破壊は免れたが、二次的な火災で市の半分は焼失していた。大浦天主堂は焼失を免れたが、爆風によりステンドグラスなどの破損が著しい。

　午後は鍛冶屋町にある長崎石材の三山残三氏を訪問し、長崎でどのような石材が使われているかを調べた。

＊黒島—平戸石（安山岩、黒味）　黒色が濃く墓石に多用されている
＊広島　徳山石　御影石
＊笠ケ平（浦上兵器工場の上）　挽き臼用
＊唐津　安山岩
＊西海（村松）　角閃石安山岩、常磐の先
＊温石　筑前笹原

＊福田（長崎）　川並造船所の先　石垣に使用
＊天草（砂岩）
＊五島石（ゴマ模様）
＊尾崎石（平戸）　諫早の先、小長井
＊人造石
＊まさご（？）
＊大理石　山口県
＊石炭

　そこから、雨水貯水池に行き、左岸に黒色の安山岩を見つけた。
　この夜、長崎を発って、門司で乗り換え、21日に東京に帰着した。

■昭和21年5月の調査

昭和21年5月6日

　前日、同行の山崎正男・立見辰雄と共に東京発の臨時列車に乗り、6時50分に広島に到着。7時50分発の列車に乗り換えて9時に玖波に到着した。玖波の長岡省吾宅を訪問し、広島文理大の小島丈児、今村外治とともに、長岡が広島・長崎で収集した標本を見ながら、議論をしたり、一部の標本の写真を撮影して終日過ごした。その後、文理大学の一同と夕食をともにした。

5月7日

　朝日新聞の朝刊に、雲仙岳山麓の多比良町と土黒村の境界付近で土黒川の河床から多量の硫黄が噴出したとの記事を読んだ。昭和11年9月に知床硫黄山で硫黄の溶岩流を調査したことを思い出した。

　今回の調査の目的は、昨年10月に調べていなかった爆心から北部の一帯を調査することである。そこで、先ず横川駅から調査を開始することにした。原爆が投下されて9ヶ月になるが、復興の足取りは遅く、まだまだ瓦礫の原と言って良い。横川駅前に立っている木の爆心方向を向いた面にははっきり焼けた跡が残されている。駅から横川橋に出る。橋の北側にある二本の柱の土台で川に向いた部分に剥離が見られる。横川橋から太田川沿いに三篠橋へ行く。道の途中で広島県粘土瓦統制組合の事務所を見つける。三篠橋は橋脚の一部が破損したが原爆に耐えた。北側の橋柱2本とも、爆心方向に向いた著しく汚れた面に剥離現象が現れている。

　三篠橋を渡って陸軍第二病院、輜重兵第五連隊横から護国神社裏を抜けて相生橋に出る。その間で特記すべきものなし。産業奨励館や西蓮寺の写真を撮影し、島病院に出る。島薫院長の避難先を記した木の立て札がある。丸い窓や円柱もそのままである。本通りに出て国泰寺の大楠の一本が墓地に倒れ込んでいる様子を撮影する。日本銀行広島支店前の石垣を見る。石垣の裏面が剥離。続いて隣の頼山陽亭に行く。東門には鉄平石が使用されている。鉄平石にも剥離現象が見られる。

　頼山陽亭は日本銀行の裏になり、日本銀行のビルが熱線や爆風を遮ったと

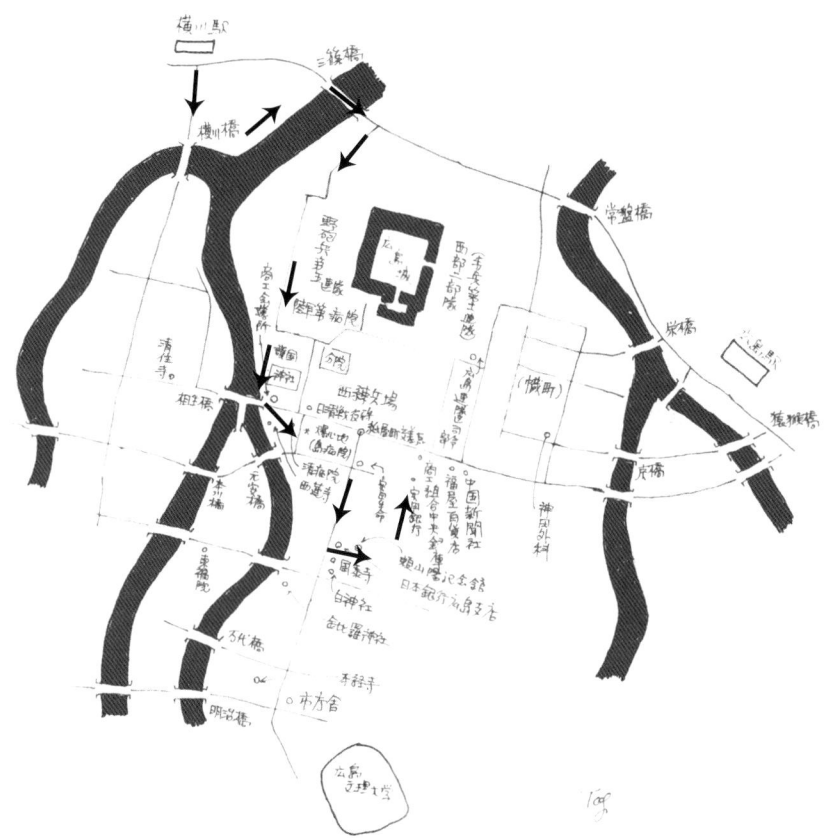

昭和21年5月7日　横川駅から爆心地、日銀、頼山陽亭、安田銀行の調査コース

思われる。屋根瓦は飛び、窓ガラスも飛散するなど破損はしているが、木造家屋で残った数少ない場所ではないか。爆心から約400mである。更に東に進むと、県知事の官舎があった。花崗岩の門柱には剥離現象が見られた。前の袋町国民学校の校舎を撮影する。そこから北に上がって安田銀行広島支店に行く。壁面に残っている鉄樋の熱線による影を見つけて撮影する。壁面全面が剥離しているが、影の部分だけは剥離せずに残されている。ここで広島の調査を終える。

　明朝9時発の汽車で桜島爆発を調査するために鹿児島に向かう。

5月12日

　桜島の調査を終えて、13時発の船で垂水から鹿児島に出た。鹿児島発20

産業奨励館（左）と島病院（右）

頼山陽亭

安田銀行の壁の鉄樋の影。

時17分発門司行きの列車に乗った。

5月13日

　鳥栖に4時50分到着。6時40分発長崎行きの列車に乗り、11時10分に長崎駅に到着。浦上に向かう。

　浦上に到着後、直ちに皇太神宮の二の鳥居を調査する。鳥居の下に残された石灯籠を調べる。徳山式の角閃石・黒雲母花崗岩で、一つの面が剥離している。下の台の一部を採集。鳥居も石灯籠と同じ徳山式花崗岩である。根本の部分が剥離し寄進者の名前がわからなくなっている様子を撮影した。

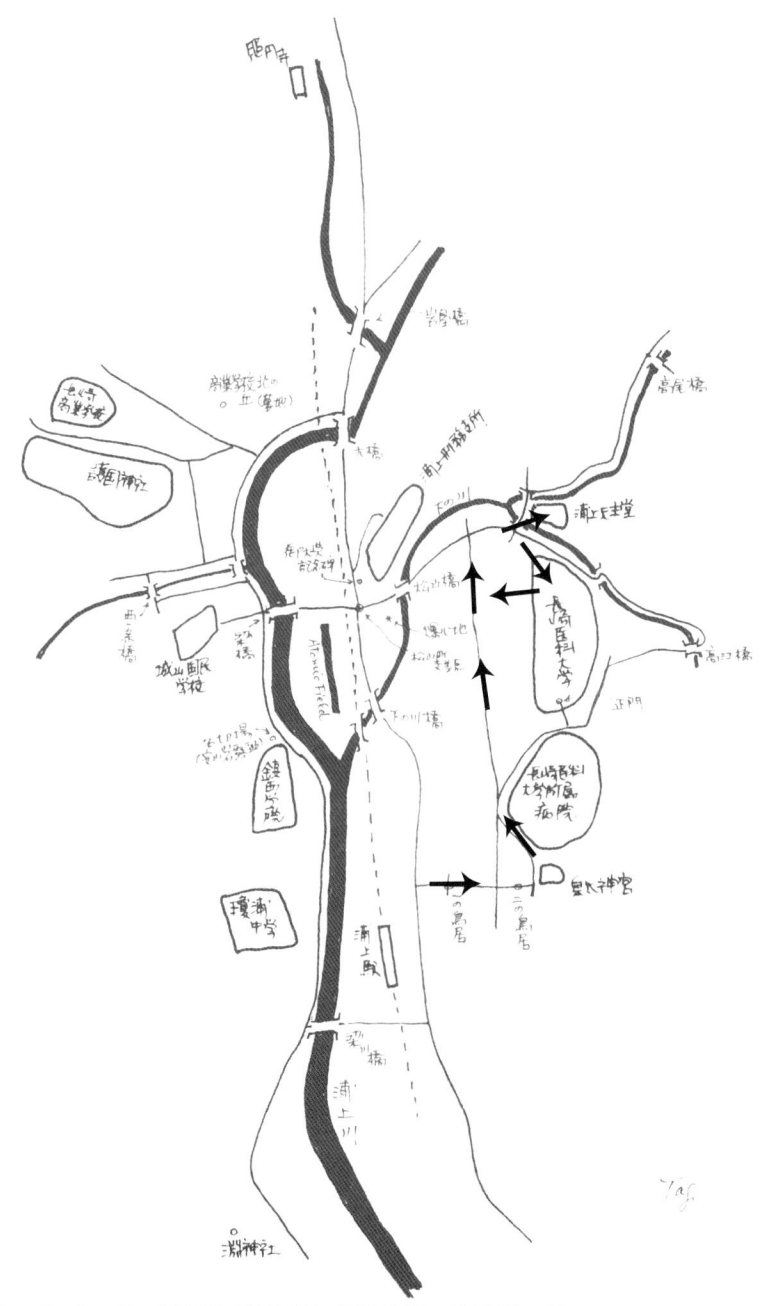

昭和21年5月13日　皇太神宮、浦上天主堂、長崎医大グランドの調査コース

皇太神宮二の鳥居　　　　　　　皇太神宮二の鳥居の根本

　神宮の前から北に坂を下る。途中の東側の家の花崗岩が著しく剥離しており、有色鉱物の熔解が観察された。天主堂方向に進み、山里町139番地の吉田宅に行く。コンクリートの表面で黒色部分は剥離して飛散している。庭の安山岩の置き石は熔解している。更に上に登って安山岩の庭石が熔解している様子を万年筆を置いて撮影した。

　浦上天主堂に行き、司祭の中田氏に会って（注：獅子頭標本の件と思われる）お願いした。（注：その標本の一連の）写真を撮影した。天主堂から長崎医科大学のグランドに入り、グランドにある花崗岩の台を調べた。肉紅色の長石を含む花崗岩で長石の表面が多少溶けているような気がする。この後、近傍の墓地を調べた。

　この日は長崎泊まりにする。列車内で知り合った請負業の堺屋儀三郎氏に蛍茶屋近くのカルルス荘を紹介してもらった。明朝、長崎を出発し、途中河山鉱山（山口県）で調査して東京に戻る予定。

山里町民家の安山岩庭石

長崎医科大学グランド

渡邊が浦上天主堂を再訪したときに、
連続して撮影した4枚の写真

第 5 章
渡邊の目

第5章 渡邊の目

■島病院・清病院

　広島の島外科病院と清皮膚科・泌尿器科病院は筋向かいであった。この2つの病院は原子爆弾によって完全に破壊された点では同じであるが、その後にたどった道は際立って異なる。島病院は爆心地とされたことで、世に広く知られているが、わずか十数メートル横の清病院の名は忘れ去られている。しかも島病院は現在も島病院としてその地に開業しているが清病院は立体駐車場に姿を変えている。

　島病院は昭和8年に建てられたレンガ造2階建てのモダンな建物で玄関の円い柱と横の丸窓が特徴的であった。島病院の島薫院長は原爆投下当日、世羅郡甲山町に往診のため外出しており九死に一生を得た。往診先で警察から広島が空襲で壊滅したことを聞いた島氏は急遽広島に戻ったが、病院は全壊し患者や看護婦など病院関係者も全員死亡したことを知った。島氏はそれでも袋町国民学校を場所に治療に全力を尽くしたという。昭和20年10月に撮影された写真には、島病院に入院していた患者や付添人、病院関係者の消息を求める島院長の木製伝言板が写されていて痛々しい。渡邊が昭和21年5月に撮影した島病院跡に立てられた1枚の木片には「島病院　避難先　安芸郡中野村アキ中野駅前　島医院方　島薫」とある。安芸郡中野村は島院長の実家である。

　一方清病院は少なくとも昭和4年当時には既に細工町で開業しており、島病院より旧い。当時から清茂基氏が院長であった。その清茂基氏はじめ全員が原爆で死亡し、治療活動を再開することはなかった。島病院と清病院跡の

昭和20年当時（上）と、現在（左）の島病院

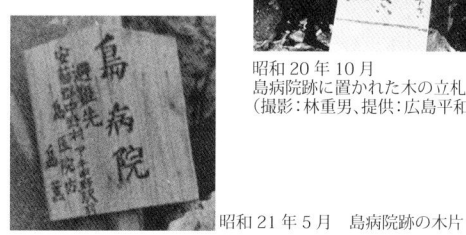

昭和20年10月
島病院跡に置かれた木の立札
（撮影：林重男、提供：広島平和記念資料館）

昭和21年5月　島病院跡の木片

昭和20年当時と現在の清病院跡

現状がそのことを物語っている。しかし、渡邊の興味を引いたのは島病院よりもむしろ清病院であった。それは、清病院の塀の上に並べられた飾り石に広島では珍しい安山岩が使われていたからである。

　広島で多く建材として使用されている石材は花崗岩である。その原爆による影響は、主要な構成鉱物である石英のハジケである。別な場所でも触れたが、石英は573°Cで低温型石英から高温型石英に転移し、それに伴って体積が約5％変化する。原爆の熱線に曝され急激に膨張し、また急激に冷却

島病院の棟瓦を手にする長岡省吾（左）と清病院の鉄平石を手にする山崎正男（右）

され収縮する。そこで石英はハジケルのである。

　一方安山岩では石英もハジケルが、それ以上に構成鉱物である有色の輝石や角閃石が熱線で熔解し、急激な冷却でガラス化して残る。渡邊は清病院の安山岩に被爆の特徴を見いだし強く印象づけられたのであった。清病院の塀は林重男のパノラマ写真にもはっきり写し出されている(48頁の写真を参照)。

戦前の広島招魂社（提供：広島護国神社）

■広島護国神社

　広島護国神社は明治元年に戊辰の役での戦没者の慰霊のために造営された「水草霊社」に始まる。その後、明治8年に官祭招魂社、明治34年に官祭広島招魂社と改称され、昭和9年に当時の西練兵場の西側（現在の広島市民

昭和20年10月の表参道入り口付近
(上、下、右 撮影：林重男、提供：広島平和記念資料館)

表参道から拝殿に向かう参道

全壊した護国神社

球場のセンターからやや左中間よりの後方）に移転した。昭和14年に広島護国神社と改称された。原爆によって壊滅した護国神社は、広島市の復興計画の中で、現在の広島城跡に昭和31年に移転し、新たに社殿が造営された。これが現在の広島護国神社である。

　昭和9年に西練兵場に造営された護国神社の様子は、戦前の広島招魂社の写真や原爆後の参道入り口の写真から配置を読み取る事が出来る。

　表参道の入り口は市電通りにあり、現在の郵便中局と市民球場の間付近にあった。また表参道の他に相生橋から川沿いに裏参道があった。表参道入り口にあった「広島護国神社」と記された社標、左右一対の石灯籠、その後方に一対の唐銅狛犬、鳥居などの造営物は原爆に耐えて現存する。

　表参道を約200m進むと左に拝殿への参道があった。正面には石玉垣で囲まれた拝殿があり、入り口右に標柱がある。石段を上がると鳥居があり、その左右に石灯籠がある。左手に手水舎があり、奥は社務所である。正面の一段高いところが拝殿で、そこへの階段手前の左右に大型の狛犬があった。鳥居の倒壊、石灯籠の笠・火袋の落下など狛犬以外のものは何らかの損壊を免

れなかった。本殿・社務所も完全に破壊されている。

　渡邊にとって護国神社は石資料の宝庫であったに違いない。広々とした空間に、遮られることなく熱線に照射された石が並んでいるからである。熱線の影を記録している狛犬や玉垣、熔解した瓦、互に重なり合って熱線の影を留めた黒色の玉砂利。渡邊は夢中になって影の方向を測定・記録し、熱線によるハジケや熔解を記載し、写真を撮り、標本を収集したと思われる。しかし、渡邊の収集した標本には鳥居や石灯籠や狛犬などの神仏に直接関わるものはない。わずかに表参道入り口にある唐銅狛犬台座の下部の小片のみである。渡邊の敬虔な態度が偲ばれるのである。

　現在の護国神社には、破壊を免れた参道入り口の社標と鳥居が、広島城東入口に設置されている。拝殿入り口の倒壊した石灯籠（笠に欠けがある）と参道入り口の一対の唐銅製狛犬が現在の神社入り口に現存し、倒壊を免れた参道入り口の石灯籠と狛犬が現在の拝殿前に左右に配置されている。しかし、護国神社の移転に伴って移設された結果であり仕方がないが、原爆遺物としての位置情報や方向の情報は失われてしまっている。また、被爆後60年風雨に曝され風化が進み被爆の痕跡も失われてしまい、単なる記念碑になってしまったのは残念である。

万代橋

元安橋

■元安橋と万代橋、そして相生橋

　太田川の三角州に位置する広島には橋が多い。渡邊も調査を行うためには数多くの橋を渡らなければならなかったし、フィールドノートにも橋の名前がいくつも登場する。その中で、渡邊が特に注目したのは元安橋と万代橋、それに相生橋であった。

　元安橋は爆心から約130mで最も至近にあった橋である。東詰には広島県の里程の起点になる里程元標があった歴史的な橋でもある。橋自身は原爆に耐え、かつ枕崎台風やその後の水害にも耐えて残った。橋柱の本体は無事であったが、上に載った笠石は左右にずれた。そのことから早くから原爆の爆発の中心が橋の延長線上にあることが推定されたのである (50頁の写真を参照)。橋柱は花崗岩製で東・西詰の橋柱には「元安橋」と刻まれた大理石がはめ込まれている。渡邊は柱の花崗岩の剥離が著しいことに目を留めると同時に、大理石に変化がないことを認めている。白色の大理石が熱線を反射して温度の上昇が大理石の主成分である方解石の分解温度に達していなかったことを認識したのである。

　万代橋は爆心から約900m離れたところにある。爆風によって一部の欄干が破損し、横に取り付けられていた水道配水管も破損したが、爆風にも水害にも耐えて残った。欄干はコンクリート製の橋柱に3段に鉄棒が渡されている。渡された棒が鉄製か否かはわからない。というのは当時は多くの橋に

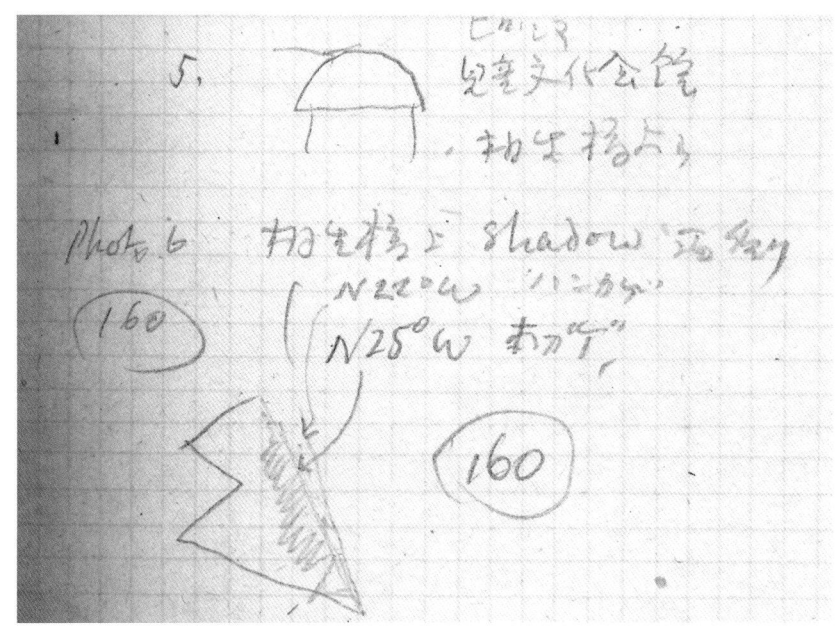

渡邊フィールドノートでの相生橋における影の測定

　使用されている金属が供出されているからである。渡邊が注目したのは路面に付けられた欄干の影である。爆心から 900 m 離れた場所であると、岩石に残された熱線の影はそれほど明確ではない。渡邊の調査の結論として花崗岩のハジケの限界は広島ではおよそ 1000 m とされている。しかし、万代橋の路面はアスファルトであった。アスファルトの融点は低く、且つ黒色であるために熱線の影が記録されたのであった。影の測定値は N30°E、傾き 34°であった。万代橋の上を歩いていた人が熱線を浴び、アスファルトに影を残したことも知られている。残念ながら渡邊の撮影した 3 枚の写真は残されていないが、その内の 1 枚が渡邊の書いた原爆調査に関する論文に掲載されている。当時の粗悪な紙に印刷されてはいるが、欄干の影を認めることが出来る。

　元安橋と万代橋に比べて相生橋の記述は少ない。相生橋はその特異な T 字型の形から原爆の投下目標になったと言われているが、渡邊の調査の対象になっていない。相生橋東詰にあった商工会議所屋上からパノラマ写真を撮影した時に、相生橋が写されている。相生橋の欄干は北側と南側半分が破壊され、北側の歩道は橋からずれている。これは原爆の衝撃波が水面で反射さ

破壊された白神社とその後方に国泰寺（撮影：林重男、提供：広島平和記念資料館）

れて橋の歩道を持ち上げたことによると言われている。その後の枕崎台風や 10 月の水害に耐えて相生橋は広島市東西を結ぶ市電をはじめとする交通の要路としての役割を維持し続けた。

　渡邊が相生橋での調査について記述しているのは一ヶ所だけで、昭和 23 年の調査であった。（昭和 23 年に調査をしたことについて後で触れる）。昭和 23 年に渡邊は相生橋で影の測定をして「N22°W　ハンカゲ、N25°W　ホンカゲ」と記述している。この測定は、渡邊が行った全ての影の測定の中で唯一つ原爆の火球を点として取り扱うのではなく、ある大きさを持っていることを意識した本影と半影の測定であったことに注目される。日本映画社が調査団に随行して撮影した映画の中で、本影と半影の解説を行っているので、本影と半影について物理班との会合で話題に出ていたのかもしれない。渡邊と物理班との連携が単に放射能測定の為の試料提供だけでなかったことを物語っている。原子爆弾災害調査報告書には、「物理班が影の測定から爆発の中心を決定した」と書かれているし、日本映画社の映画でもそのように説明されている。しかし、「委員会で地質学での影の測定方法を説明したら、その方法を物理班が採用して測定してしまったんだよ」と後年渡邊は苦笑いしていたそうである。

■国泰寺

　毛利輝元が広島城を築城・入城したのは 1591 年であった。当時、毛利輝元の知遇を得て毛利家の外交を担当していた僧恵瓊により臨済宗安国寺とし

墓石に2種類の影が写っている。左方向に出来ている影は右側からの太陽光線による影。
右方向に出来ている影は左側からの原爆の熱線による影(矢印)。

て1594年創建されたのが国泰寺の始まりであった。恵瓊が輝元に重用されたこともあって寺運は隆盛を極めていたが、関ヶ原の合戦で西軍に組みした結果、恵瓊は石田三成・小西行長と共に処刑され、毛利輝元も周防、長門に移封された。毛利に代わって広島城の城主になったのが福島正則であり、正則は宗派を臨済宗から曹洞宗に変え、寺号も国泰寺に改めた。しかしその福島正則も城の無断改修を理由に徳川家康によって転封され、代わって紀州の浅野長晟が城主となった。以来、明治維新に至るまで安芸国を治めたのであった。浅野家は国泰寺を菩提寺として手厚く遇したため、国泰寺は藩内の寺の中心となったのである。国泰寺はその後も度々の風水害・地震・大火などを経験したが、原爆で完全に焼失し、戦後は己斐に再建されて現在に到っている。

　渡邊が国泰寺を調査したときは、国泰寺の象徴とも言うべき楠の大木が全焼し黒焦げになった幹が本通りに突きだしていた。また、一部は墓地の中に倒壊していた。昭和20年には渡邊はノートに「大楠木」と書くのみで、撮影された写真2枚には墓石に残された熱線の影が記録されている。この墓石の写真には、当日の太陽の光による影と原爆の熱線による影が見事に映されている。苔むした墓石の表面の中にあって、熱線に曝された部分のみ新鮮な石の表面が露出し鮮やかなコントラストが示されている。太陽に比べて見かけ上大きな直径であった原爆の中心は、それだけぼやけた影の線を与えていることも読み取れるのである。この影から渡邊は方位N17°W、傾き50°

第5章 渡邊の目　97

の値を得たのであった。

　昭和21年に国泰寺を再度調査した渡邊は、この時国泰寺に立ち寄って写真を撮影している。そこに墓地の中に倒壊して横たわる楠が写っているが、ノートに記述はない。またノートに写真撮影の記録もない。写真リストに「頼山陽ビル付近　墓」とあるのみである。この時に渡邊は既に調査済みであった国泰寺には興味を示さず、単に記念写真的に大楠が倒壊した墓地を撮影したのであろう。

　国泰寺の境内にあった白神社は完全に破壊されたにもかかわらず、現在も昔からの場所に残っている。

■西練兵場周辺

　基町には軍事施設が集中していた。それ故に、最も情報に乏しく、記録が残されていない場所でもある。

　広島開基の地であることから名付けられたと言われている基町の中心に広島城がある。広島城は、明治維新前は浅野家の城として、また明治維新後も県庁が置かれるなど政治の中心であった。しかし、それ以後、急速に軍事拠点に変貌していく。明治4年に本丸に鎮西鎮台第一分営が置かれ、2年後には第五軍管広島鎮台、明治21年には第5師団となって西部方面の陸軍の中心となったのである。日清戦争、日露戦争、そして太平洋戦争と、次々と兵士を宇品港から戦地へ送り出していったのである。

　渡邊の基町地区の調査は、比較的素っ気ない。朝9時50分とやや遅く広

島駅に到着した。幟町から常磐橋へ。そこから連隊区司令部・歩兵第十一連隊門、野砲兵第五連隊門、第一陸軍病院第一分院門、日清戦役碑と回って11時30分に調査終了して13時30分に広島駅に戻っている。基町の南半分を調査したにしては約1時間半は余りにも短い。軍事基地内の建物の大部分が木造であり、焼失してしまったために調査の対象物が少なかったと思われる。調査の対象のほとんどが門であったことが、そのことを物語っている。しかも残されている標本が一つもないことも特異である。7時に海田市を出発したものの忘れ物を取りに帰ったため、調査開始が遅れたこと、また翌日の長崎行きのために、その日の内に玖波に行かなければならなかったことを差し引いても、駆け足の調査であった印象は否めない。

　筆者の想像であるが、渡邊は軍隊・戦争に対してある種の嫌悪感があったのではないだろうか。渡邊は父が陸軍中将という軍人の家に生まれたが、幼少の時に腕を骨折し、それがために徴兵検査で不合格になったと聞いている。フランス大使館の駐在武官を勤めたりした父はドイツ系陸軍中枢部と意見が合わず、早く退役したそうであるが、エリート軍人であった父親が何故子供を軍人に育てなかったのであろう。想像ではドイツ系陸軍の行く末を察知していたのではないか。原爆被害に心を痛め、それを心にしまい込んで調査を続けている渡邊にとって、軍事基地－基町の調査には気持ちが入らなかったのかもしれない。

浦上天主堂のパノラマ写真の一部

■浦上天主堂

　「長崎の天主堂－その信仰と美－」（村松貞次郎・片岡弥吉監修、技報堂1977年）によれば、浦上天主堂の歴史は明治12年（1879年）土井に設けられた「サンジュアン・バブチスタ小聖堂」に始まるという。しかし、明治30年頃になると、この小聖堂の建物の老朽が著しくなり取り壊すことになった。その時、庄屋である高谷家の屋敷が売りに出た。浦上の高谷家は代々庄屋を務めキリシタンの召捕りや踏絵の場になっていたが、明治維新後高谷家は没落し、ついに家屋敷を売却することになったのである。浦上の信者たちは、この高谷家の土地を手に入れ、家を仮聖堂として修復した。ここが現在の浦上天主堂の地である。この仮聖堂は本聖堂建設のため、明治35年に聖堂裏手の東側に移築され、本聖堂完成の大正3年まで仮聖堂として用い続けた。その後は教理教室として使用していたが、原爆で焼失した。

　しかし、元庄屋屋敷の仮聖堂が狭隘である上に老朽化も進み、新聖堂の建設が切望されるようになった。明治21年、主任司祭フレノ神父は聖堂を建てるべく計画を始め、自ら石と煉瓦造りの純然たるロマネスク様式の聖堂の設計図を描き上げた。献金によって金が集まると石や煉瓦を買い、土井の波止場に陸揚げされた建築資材を信者たちが高谷の丘の建築現場に運んだと言う。明治28年に聖堂建設が始まったが、日清戦争・日露戦争の影響による

浦上天主堂の被爆写真

インフレで工事はしばしば中断した。しかし、途中で設計の変更を行い大正3年に浦上天主堂（旧）は完成したのであった。

　20年歳月をかけて完成した浦上天主堂には、しかし、鐘楼がなかった。そこで本聖堂正面に双塔を建てることが計画され、大正14年双塔を持つ浦上天主堂が完成した。

　昭和20年8月9日の原爆によって、浦上天主堂は瓦礫の山と化した。天主堂の倒壊で壁面に装着されていた84の天使像、33の獅子石像、14の聖人石像のほとんどが大破し、20余の天使像と2～3個の獅子、3体の聖人石像が残された。残った石像の内、天使像17体と聖マリア、聖ヨハネの石像は、再建整備された現在の天主堂正面に装着されている。新浦上天主堂の建設の紆余曲折については興味深い事柄が多くあるが、本書の目的に合致しないので省略した。

　渡邊はこのような歴史を持つ浦上天主堂に強い関心を持っていた。並外れた精密さで天主堂のスケッチを描き、標本を収集しているからである。渡邊が天主堂に関心を示した最大の理由は、天主堂がコンクリート、安山岩、レンガ、瓦、砂岩などの様々な素材で組み立てられている上に、すべての素材が爆心から同じ距離にあるので素材による被爆変化の様相を比較しやすいからである。渡邊のスケッチが並外れていると感じたのは、撮影した写真が見

第5章 渡邊の目　101

事に対応しているからである。渡邊が撮影に使ったカメラはライカ IIb でありレンズはエルマー 35mm である。35mm のレンズでは、天主堂の全体像を 1 枚の写真で写しきることが出来ないので、渡邊は 5 枚に分けてパノラマ写真を撮影しているが、スケッチはパノラマ写真をつなぎ合わせたように 1 枚のスケッチに全てを書き込んでいる。筆者は渡邊の写真をパノラマ写真として合成してみたが、見事に渡邊のスケッチと一致したのである。

　しかし、天主堂での調査から、それ以上に渡邊の心を感じることが出来る。多くの聖像には被爆の影響があった。安山岩（あるいは砂岩か）であるために表面は熔解していたと思われる。しかし渡邊は聖像から直接標本を採集しなかった。標本番号 69 は「像」とあって正面アーチの左上に残された聖像にマークがついている。しかし写真ではこの聖像は落下することなく壁面にしっかり固定されている。標本 69 は約 10cm 角の安山岩破片であって、（いずれの聖像か不明であるが）聖像あるいはその台座の一部が落下して飛散しているのを拾ったに違いない。広島護国神社の所でも述べたが、浦上天主堂での標本の収集にも渡邊の敬虔な気持ちが偲ばれる。

　天主堂の聖像について「長崎の天主堂―その信仰と美―」に重要な文章がある。「ロマネスク建築には多くの聖像や彫刻した石飾りがつく。しかし大理石を手に入れたり名彫刻家を招く金はない。天草島御領村の石工たちを傭って熊本石神山の安山岩で聖像を刻ませた。石神山の安山岩は粘性が強く、細い髪毛まで刻むことが出来る」とあった。一方で西田秀雄編の「神の家族 400 年・浦上小教区沿革史」には、「これらの聖者石像が芸術的であるかど

うかは、専門家の判断にまかせるとして、ただこれらが浦上天主堂の異色であり、何とはなしに、ほほえましい浦上的な香りを感じさせたものであった。石は天草石の粗末なもの、彫刻は天草の住人某という石仏師だった。フレノ師は、この像を刻ませるために、全国から多数の地蔵造りを呼んだが、「異人さんの顔は刻み得ない」といって、皆２～３日で引上げてしまったそうである。それらの中で、この天草の地蔵造りだけが、曲りなりにも仏さんに似たこの異人聖者像を刻み上げたのだそうである」とある。

　天草石は、現在は陶土の材料に用いられる天草産の陶石をいうが、当時は天草産の砂岩であったと思われる。渡邊のフィールドノートに長崎の石材屋で、長崎で用いられている石材を調査した記録が残されているが、そこに「天草（砂岩）」とある。熊本県石神山の安山岩は江戸時代から石材として用いられてきたが、残念ながら数年前に石切場は閉鎖されてしまった。筆者は、石神山の石切場閉山直前の安山岩を入手し記念に大切に保存している。

■長崎医科大学・附属病院
　長崎医科大学（現在の長崎大学医学部）のルーツは、安政４年（1857年）11月12日長崎奉行所西役所医学伝習所（現在の長崎県庁所在地）において開始されたオランダ海軍軍医ポンペ・ファン・メールデルフォルトによる医学伝習にある。明治24年に浦上に移転した。明治・大正期に幾多の改組・改称を経て大正12年に長崎医科大学となり、長崎県立病院を長崎医科大学附属病院として包括した。原爆により長崎医科大学及び同附属医院は壊滅状

長崎医科大学への入口に
あったと考えられる石柱

態となり、角尾学長以下教職員、看護婦、学生あわせて 897 名という多数の犠牲者を出した。戦災時の医療体制の要と期待されていた医科大学と附属病院が壊滅した結果、被爆直後の救急医療体制の整備に大きな支障を来したと言われている。

　多くの木造校舎からなる医科大学は爆風による倒壊と熱線による火災で壊滅した。附属病院は鉄筋コンクリート造であるために、建物の外観は保たれたものの、内部は完全に破壊されてしまった。殆ど建物の残っていない医科大学と附属病院の廃墟を渡邊は浦上の駅から一望できたのであった。皇太神宮から旧浦上街道の坂本の坂を下って附属病院門のレンガを採取。そこから渡邊は医科大学へ向かい、大学に通じる道に「長崎医科大学入口」と書かれた石柱を発見して調査し、医科大学の正門で影の方位を測定して、医科大学と病院の間から病院の裏山に登って昼食を取った。そこから江平へ下ったのである。

　「長崎医科大学入口」と書かれた石柱が病院から大学への道路にあった、とするのは筆者の推測である。長崎大学を中心とした調査では石柱の存在を記憶している人はいなかったし、現存もしていない。当初は正門以外に通用門のような入り口があったのではないかと考えもしたのであるが、正式な門であれば「入口」とは書かないであろうし、非公式な入り口には石柱は立てないであろうと考えて、医科大学への訪問者の為に病院から医科大学への道の入り口に、案内用の石柱を立てたのではないかと考えるようになった。当時も今も病院から正門への道は判りにくい細い道である。現在は、病院から

現在の活水学院下の安山岩露頭（コンクリートで覆われている）

　浦上天主堂へ通じる広い道が整備され、その道から大学構内にはいることが出来るが、当時は、医科大学に行くには病院の前を経由して正門に到る細い道を通るしかなかった。何よりも、そう考えた方が渡邊のルートに無理がない様な気がする。
　いずれにせよ、渡邊のノートには淡々と記述が行われているが、同じ大学人として医科大学と附属病院の様相とそこで命を落とした多数の教職員・学生のことが心を揺さぶったに違いない。

■鎮西学院下安山岩露頭

　長崎の基盤は安山岩であり、広島市と異なって所々に基盤安山岩の露頭が見られる。その中で鎮西学院（現在の活水学院）下に露出する基盤安山岩は、爆心から400mという至近距離にある上に、露頭の方向が爆心に対してほぼ直角になっているという位置関係は、原爆の天然安山岩に対する影響を見る上で最も適した場所であった。その露頭は浦上駅からも直視できることから、渡邊は調査初日に浦上駅頭に立って周囲を見渡したときに気付いていたと思われる。渡邊の興味がこの場所にあったことを示しているのは、調査当日の昼食を取る予定の場所を「鎮西国民学校」とフィールドノートに書き記しているからである。たっぷりと時間を取って、広い露頭をくまなく調べたに違いない。露頭の丘の上には被爆した鎮西学院の校舎があったにもかかわらず、渡邊の調査は鎮西学院には目もくれず露頭に集中していた。
　この露頭で渡邊は3個の標本を採集しているが、いずれも安山岩の表面

「尽忠報国」碑

が熔解してガラスが付着している。この安山岩露頭は高さ約15m、幅約100mの大型露頭であり、全面の安山岩が熔解してガラス化している風景を想像すると、その凄烈な様相に胸が詰まる。現在は全面にコンクリートが巻かれてしまい、安山岩自身を観察することはできないが、その前に立って見ると被爆の様相を想像できるのである。地質学者が科学者の目で最も興奮して観察した地点であったと思われる。この時ばかりは、渡邊は本来の地質学者になりきっていたのである。

　丘の上にある鎮西公園で安山岩の小さな露頭を見る事が出来る。その公園は、鎮西学院の裏手にある小さな公園で、「尽忠報国」と刻された石碑が立っている。原爆によって倒れたものをその位置に立てたという。この石碑は安山岩であり熱線を直接浴びたため、当時は表面が一面に熔解していたと思われるが、現在は痕跡すら留めていない。また、この場所から林重男が、浦上地区のパノラマ写真を撮影している。

■皇太神社
　皇太神社－現在は山王神社に掲げられた説明文によると、皇太神社は島原の乱に出陣した老中松平伊豆守信綱が立ち寄った際に近江の国琵琶湖岸の坂本に風景・地名共に酷似していることから、近江の山王日枝の山王権現を招祀してはとの進言があった。長崎奉行・代官は寺町の真言宗延命寺に依頼し

皇太神宮二の鳥居（昭和21年5月）　　スケッチ（昭和21年5月）

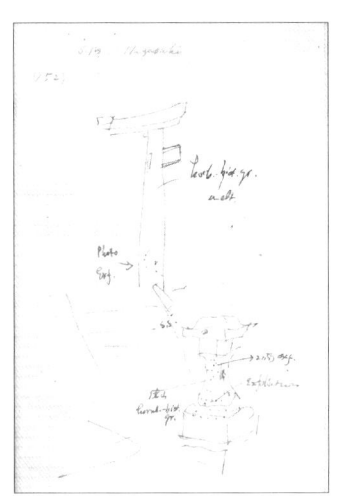

　神社建立に着手した。当時は神仏混合の習慣があったため延命寺の末寺として「白厳山観音院円福寺」と称して運営された。以後幾度かの盛衰があったが明治維新の神仏分離令によって、元来の神社に戻り「山王日吉神社」と改称された。明治元年に山里地区に皇太神宮が祀られたが運営の困難から山王社との合祀が認められ明治17年1月に遷宮し「県社　浦上皇太神宮」と称せられた。しかし地元では「山王さん」として親しまれてきたという。

　昭和20年の原爆によって社殿などは壊滅し、境内入り口にそびえ立っていた2本の楠の巨木も黒焦げとなった。また、浦上駅からの参道にあった2つの鳥居の内、浦上駅に近い一の鳥居は爆風に対して平行であったために倒壊を免れたが、高台にあった二の鳥居は半分が倒壊して片方の柱だけが残った。渡邊は調査初日に浦上駅頭で2本の鳥居を認識した。真っ白な鳥居が余りにも鮮やかに焼け野原にそびえ立っているからである。

　調査の2日目、渡邊は浦上駅から真っ直ぐに二の鳥居を目指した。一の鳥居のことには全く触れていない。二の鳥居の姿があまりに強烈であったためだろうか。一の鳥居は爆心から南に約800mで、倒壊することなく立っていたが、傍らの石灯籠は土台を残して倒壊している。にもかかわらず素通りである。昭和21年の調査でも一の鳥居については全く触れられていない。一の鳥居について関心を示し、この付近を調査したのは長岡省吾であり、彼は昭和21年1月に単独で長崎を訪れ、渡邊が調査しなかった場所をいくつ

か調査している（例えば城山国民学校）。昭和21年5月の調査で一の鳥居を素通りしたのは長岡が調査済みであったからかも知れない。

　二の鳥居へ登る階段の両側には一対の石灯籠があり、右の石灯籠のみが倒壊している。多分、左の石灯籠は左手の石垣が爆風を遮ったと思われる。石段を上がって鳥居の根本を観察すると、残されている部分に寄進者の名前が刻み込まれているが、爆心に向いた面はハジケが著しく寄進者の名前を読み取ることができない(84頁の写真を参照)。渡邊は昭和20年の調査では単に影の方向を測定しただけで、神宮の社殿に向かい、社の土台のコンクリートで影を測定している。昭和21年には二の鳥居の花崗岩のハジケた様子や石灯籠の様子を観察しスケッチを残している。また鳥居の根本がはじけて寄進者の名前が読めなくなっている様子を写真に収めている。

　一の鳥居は近年交通事故に巻き込まれて倒壊したが、素材の所在は把握できていない。一方、二の鳥居の倒壊した残骸は鳥居後方の路上に風雨に曝されたまま放置（展示）してある。これも一つの展示方法であるかも知れないが、なにか違和感を筆者は感じたのである。

■広島・長崎の爆源
　前に述べたように、渡邊の調査の目的は3つで、原爆の岩石に与えた影響と被害の範囲を決定すること、熱線による影の測定から原爆の爆発の中心を決定すること、物理班の放射能測定の為に試料を収集し提供すること、であった。原爆の岩石に与えた影響と被害の範囲の決定については、第3章で渡

クリノメータで影の方向(左)と傾き(右)を決定する

邊が委員会での報告として記述してあるので、ここでは触れない。

　広島、長崎ともに、物理班によって爆心地の場所は決定されていたようで渡邊が爆心地を求めて調査した様子はなく、広島に於ける島病院と長崎における松山町 171 番地を調査することなく爆心地として受け入れている。しかし、原爆爆発の中心位置に関しては、熱線の影の測定から決定を試みている。その手法に関しては単純明快であり、日時計を考えて貰えば容易に理解できる。日時計の中心の棒の先端が時計の平面に影を落とす。その影の方向によって時間を計算するのであるが、影の先端と棒の先端を結んだ線の延長上に太陽がある。太陽が原爆の中心と考えれば、熱線の影から爆発の中心が影と建造物を結んだ延長線上にあることになる。しかし測定が 1 カ所であれば延長線上の何処であるか決定することが出来ない。理想的には 2 点で測定すれば爆発の中心を求めることが出来るが、測定には誤差がつきものである。従って、爆心地を中心にして出来るだけ色々な方向から影の方向を測定して最小自乗法という計算方法で爆発の中心を決定し、誤差も計算するのである。

　渡邊が測定に用いたのはクリノメータと呼ばれる地質調査に必須の道具である。本来は地層の走っている方向（走向 strike）と傾き（傾斜 dip）を計測するハンディな道具である。クリノメータは要するに磁石であり、東西南北と角度が外周に刻まれている。磁針が正しい方向を指し示すためにはクリノメータを水平に保たなければならない。そのために水準器がつけられている。例えば、地層面の方向を次のような方法で測定することが出来る。即ち、クリノメータを地層面に当て、水準器でクリノメータを水平に保ちつつ地層

面の方向を測定するのである。さらに、東西南北を刻んだ目盛りの内側にもう一つの角度刻みがある。磁石と同一軸上に自由に回転する指針が取り付けられており、垂直からの傾きを測定したい面に当てて、傾きの角度を計測する。この2種類の角度を測定することによって、ある地層面がどのような方向（strike）にどのくらいの傾き（dip）で存在するかを計測することが出来る。

　ここに示した写真は太陽の光を原爆の熱線に見立てて、建造物が作る影から爆源の方向を測ってみたものである。熱線の方向はS30°Wであることを示しており、また、その傾きは39°であることを示している。もし渡邊がこの場にいれば、「花崗岩上の影、S30°W、dip 39°」とフィールドノートに記入することであろう。

　このような方法で熱線の方向を測定した結果、爆源は広島では島病院南東側の上空570m±20m、長崎では松山町171番地の上空490m±20mという値を得たのである。

第 6 章
解明された謎と残された謎

第6章　解明された謎と残された謎

■その1「狛犬の頭部」

　全てのきっかけとなった「狛犬の頭部」。広島護国神社からの申し込みは、筆者にとってあまりに突然であったが、実は「狛犬の頭部」は既に2回も世に登場していたのである。最初は、芸術新潮社から「東京大学のコレクションは凄いぞ！」という

東京大学総合研究博物館に所蔵されている「狛犬」の頭部

特集号が出版された時であった（1995年11月号）。その中に「シラクさんに見せたい」というタイトルで被爆標本が紹介された。そこには東京大学理学部地質学の渡邊武男教授が昭和20年原爆の直後に広島や長崎で被爆標本を収集し、その標本群が博物館に収蔵されているという記事があり、写真で紹介された長崎や広島の被爆標本として「狛犬の頭部」が「狛犬の頭部？の断片。無数に焦げたような跡がある」とコメントされている。その次に登場したのは、平成8年8月6日に毎日新聞で報道された時である。筆者の想像では毎日新聞の記者は芸術新潮の特集号を読んで「原爆投下の日である8月6日にこの題材で記事を」と考えたに違いない。

　毎日新聞の記事を再録すると、「記者は東京大学総合研究博物館を取材し、広島護国神社に問い合わせた。広島護国神社には原爆投下前、3対の狛犬があった。このうち2対は原爆による破壊を免れ現在も境内に置かれている。

残る1対は破壊され、散逸したと考えられてきた。政府が組織した原子爆弾災害調査特別委員会のメンバーであった渡邊武男東大教授（当時）は、護国神社付近で狛犬を発見し岩石資料として持ち帰った。調査班の間では護国神社の狛犬ではないかとの見方があったが、メンバーの多くが死去した今となっては当時の事情を確かめることは難しい。記者が広島護国神社に問い合わせると、たまたま失われた狛犬が写されている写真を入手したところであった。両者を比較してみて、東京大学総合研究博物館に収蔵されていた狛犬が護国神社から失われた狛犬であることがわかった。広島護国神社も散逸したものとばかり思っていたが、東大に残されているとは知らなかった。是非見てみたい、と51年ぶりの発見に驚いている」というものであった。

　当時、記者に対応した総合研究博物館の清水正明氏（現在富山大学教授）に話を聞くと、渡邊先生自身が清水氏に広島で拾った、と語っていたそうである。従って、筆者自身も当初は広島護国神社の失われた狛犬の頭部であると信じ込んでいた。いずれにせよ、狛犬が広島護国神社のものであると結論付けるためには、渡邊教授の言だけを根拠にするわけにはいかない。そこで、狛犬の科学的データと広島護国神社の資料を収集することにした。先ず、狛犬頭部の裏側から小片を採集して岩石薄片を作成する。岩石薄片とは、岩石の小片をスライドガラスに特殊な接着剤で接着して、研磨剤で光が透過するくらいまで薄く研磨したものである。この岩石薄片を偏光顕微鏡（試料に入射する光の振動方向を一方向にそろえた偏光を用いる）で観察して、岩石を構成している鉱物を同定し、鉱物の分布状況から岩石名を特定するのである。

現在の広島商工会議所ビルの屋上から

正確には化学分析を行わなければならないが、大体のところは顕微鏡観察でわかる。結論は複輝石安山岩であった。もう一つの特徴は、狛犬の頭部（中央から後頭部にかけて）に黒色のガラスが付着していることである。ガラスは球状をしている。原爆の高温の熱線に曝されて、岩石中の有色鉱物（鉄を含む輝石など）が急激に融点を越えて熔解して液体になると表面張力で球状となる。そして温度が短時間で下がると結晶化することなくガラスとなって球体のまま残ったと考えられる。狛犬の頭部から得ることができる情報をまとめると、「原爆の中心から近距離にあった輝石安山岩製の狛犬は、上方から数千度の熱線を急激に浴びた。その結果、安山岩中の輝石などの有色鉱物が熔解し、その後に温度が短時間で降下したためガラス状になって頭部に残された」と考えられる。

　問題は、このような状況が広島護国神社であり得るだろうかということになる。広島の資料収集については現場を知る必要があり、先ずは現地調査からスタートしたのである。現地調査は狛犬の謎解明のためだけではなく、渡邊先生の調査の足跡を辿る意味もあるので、渡邊先生のフィールドノートの記載に従って広島と長崎を広範囲に見て回った。現地調査の第一印象として、戦後50年以上が経過すると、たとえ被爆の建造物や記念物の保全が試みられてきたといっても、廃墟からの復興や半世紀にわたる再開発は被爆の痕跡を消し去ってしまったということであった、例えば広島は太田川の三角州という平坦な地に建設された街であり、そのほぼ中心部で原爆が爆発した結果、復興は旧市街を完全にリセットしなければ不可能であった。市街の中心部の

第6章 解明された謎と残された謎

原爆で壊滅した護国神社（撮影：林重男、提供：広島平和記念資料館）　渡邊のフィールドノートに描かれた護国神社のスケッチ

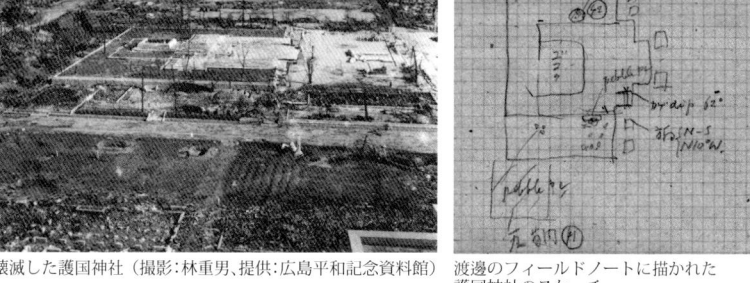

北一帯を占めていた軍事基地は県や市の公共施設に変わり、中島地区はすべて公園に変貌した。軍事基地の南西部の一角を占めていた「狛犬」ゆかりの護国神社も完全に破壊され、跡地には広島市民球場、公園、青少年センターなどが建設され、護国神社は広島城趾に移転した。原爆で倒壊を免れた鳥居や石灯籠、狛犬なども移設されたが、広島城址に建設された護国神社には戦前の面影を探ることはできない。神社本体だけでなく原爆の遺構である鳥居や石灯籠や狛犬の配置も環境も被爆前のそれとは全く異なっているからである。旧護国神社の北側にあった中津宮と護国神社から中津宮への入り口に建てられていた鳥居の土台が青少年センター横に見られるが、そこから戦前の姿を想像することは困難である。結局、数回にわたる現地調査でも「狛犬の頭部」のルーツを明らかにはできなかった。

　そこで広島護国神社と広島平和記念資料館に協力をお願いして、戦前の護国神社の資料を調べることにした。最初の手がかりは林重男撮影の写真であった。広島原爆戦災誌の付属資料として添付されている広島商工会議所屋上からのパノラマ写真である。その複写プリントを入手して拡大し、写し込まれている護国神社の様子とフィールドノートの記載から被爆前の姿の詳細な再現を試みたのである。この写真は被爆調査団に同行した日本映画社のカメラマンであった林重男が爆心近くの広島商工会議所の屋上から撮影したもの

広島招魂社の奉納物一覧（上）と伽藍配置図（右）

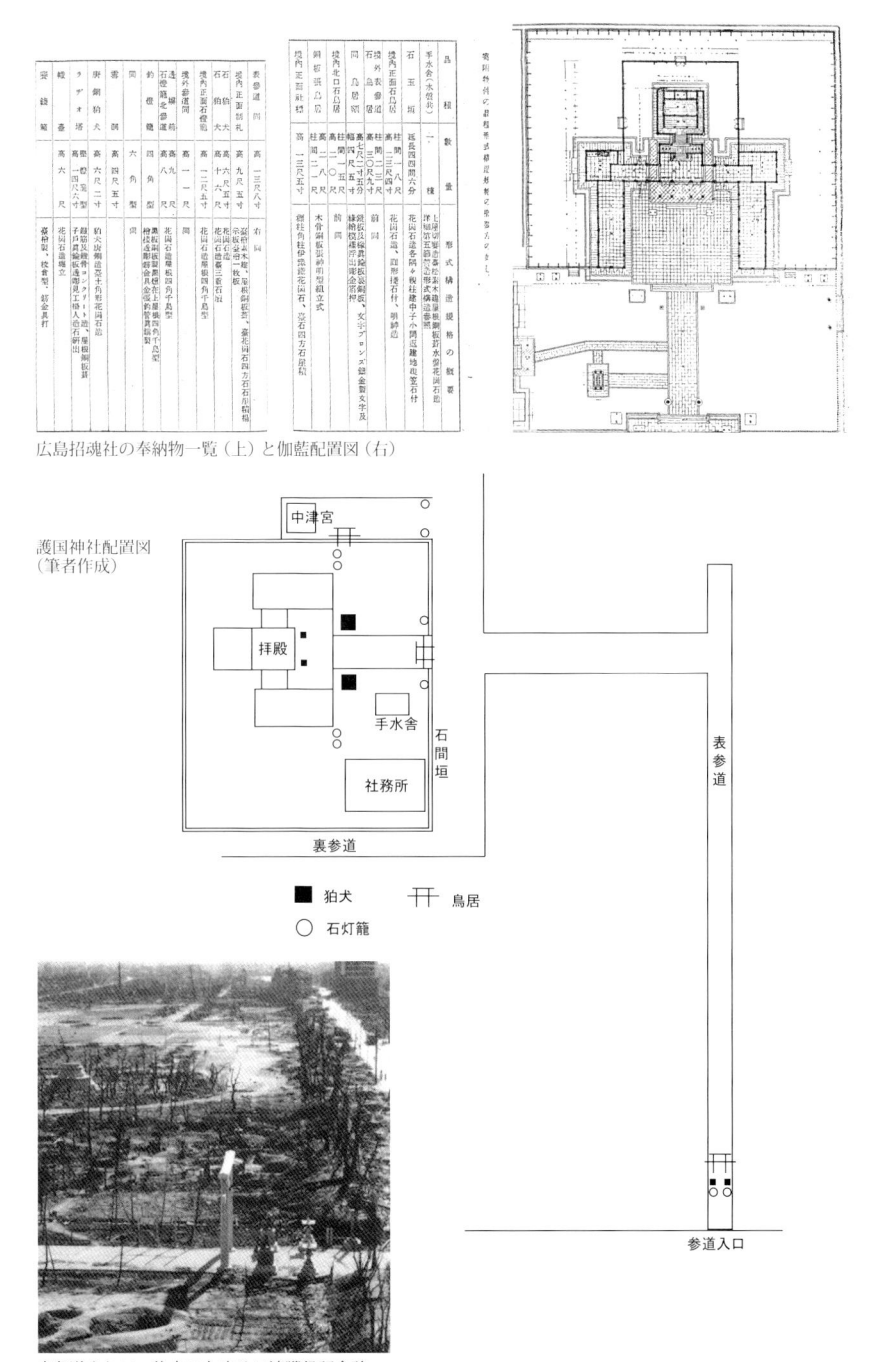

護国神社配置図
（筆者作成）

■ 狛犬　　〒 鳥居
○ 石灯籠

表参道入り口。後方の台座は日清戦役記念碑
（撮影：林重男、提供：広島平和記念資料館）

第6章 解明された謎と残された謎　117

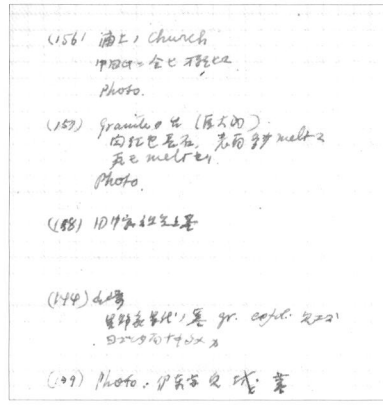

昭和21年5月13日に浦上天主堂で撮影された
写真のネガ（上）とその時のフィールドノート

であり、時期的にも渡邊の調査時期と一致する。また、佐々木雄一郎著の「ヒロシマは生きていた」には倒壊した鳥居や傾いた石灯籠などが撮影されている。ちょうどタイミング良く、広島在住の写真家井手三千男氏から広島招魂社の伽藍配置図と奉納物一覧のコピーを戴いた。

　以上のデータに基づいて作成した戦前の護国神社は図の通りであった。その中で最も重要な情報は狛犬の素材についてである。奉納物の記載を見ると唐銅狛犬（高六尺二寸、狛犬唐銅造臺土角型花崗石造）、石狛犬（高十六尺、花崗石造臺三重石壇）、石狛犬（高六尺五寸、花崗石造）とある。花崗岩製の角型の台座に載った唐銅狛犬は参道の入口にあったものであるし、三段の石壇の台に乗った全高十六尺の狛犬は拝殿入り口にあったもので、両者共に原爆に耐えて現存する。現存する狛犬の寸法から考えて「全高十六尺」は台座込みの高さと考えなくてはならない。従って、原爆で失われた狛犬は台座込みで高さ六尺五寸の花崗岩製であることがわかる。東大の「狛犬の頭部」は上でも述べたように安山岩であり、広島護国神社の失われた狛犬ではないことが決定的になった。また、失われたとされる狛犬は原爆に対して横向きになっている。この付近での熱線の傾きは60°であり、狛犬の頭部が熔解したとすると右なり左半分に熔解ガラスが集中しているはずであるが、東大

の狛犬は前頭部から頭頂、後頭部にかけて均質に溶解ガラスが分布する。さらに全高六尺五寸から概算した頭部の大きさとも一致しない。

　それでは東大の狛犬はどこで収集されたのであろうか。渡邊の「広島で」を受け入れることは一般的には難しい。その理由は、渡邊も被爆調査団報告書に明快に書いているが、広島の周辺には基盤岩として花崗岩が分布し、その結果として建造物、門柱、橋梁、墓石などには花崗岩が多用されていて、安山岩などの他の岩石が建材として用いられているのは極めて例外的であるからである。筆者が調査した広島市内の狛犬はことごとく花崗岩製であった。そこで、広島という制限を外して可能性を長崎まで広げてみた。長崎の基盤岩が安山岩であり、長崎では建築物、護岸壁、敷石、墓石などに安山岩が多用されているからである。長崎の爆心地は浦上であり、爆心地付近の社寺は少ない。長崎で渡邊が調査に訪れた「狛犬」に関係がありそうな場所は、長崎護国神社、皇太神宮（現山王神社）、淵神社、浦上天主堂、照円寺くらいである。長崎も何回か調査に出かけたが、決定的な証拠は得られなかった。また浦上天主堂や長崎原爆資料館に「狛犬の頭部」の写真を送って調査を依頼したが、これはという情報は得られなかった。

　ちょうどそのころ博物館の標本室で渡邊先生撮影の写真やネガを発見したのである。劣化が進んでいるネガを全て紙焼きにすると同時にデジタル化を行った。全写真をスライドショーで眺めていると、「狛犬の頭部」とよく似た写真があるのに気がついた。この発見が「狛犬頭部」のルーツ解明へのターニングポイントであった。ネガの最大の利点は撮影順序がわかることであ

第6章 解明された謎と残された謎

昭和2年頃に天主堂を訪れた法医学会の記念写真（左）と天主堂取り壊し前の様子（右）。昭和初期には柱に獅子頭がついているのが見えるが、取り壊し前には全てが剥落している。（提供：堺屋修一）

る。そこで、フィールドノートに記述してある写真撮影の記録（Photoと書いてある）と対応させて全ての写真を撮影順に並べ替え撮影日時も確定させた。

　すると、非常に面白いことがわかった。「狛犬頭部」の写真は第一回目の長崎調査である昭和20年10月ではなく、第二回目の昭和21年5月13日に撮影されたものであった。当日は皇太神宮の花崗岩で造られている二の鳥居の被爆状況を調査して、神宮を経て医科大学病院に向かって北側の坂道を下り山里町を抜けて浦上天主堂に至った天主堂で司祭の中田藤太郎氏に面会した。その後医科大学グランドにある花崗岩の台を調べて、最後に近傍の墓所で墓石の被爆の状況を調査している。このとき撮影したと考えられる一連の写真をネガから推定してみる。当日撮影したと考えられるネガは四つ残されている。一つのネガには6枚の写真が写し込まれており、一部のネガには下部に細ペンで一連の番号が振られている。ネガ1はフィールドノートの「更ニ上ニノボリ万年筆ヲ置イテ庭石 and. ノ fuse セル様ヲ撮影ス」に対応する。ネガ2（番号56－62）は「浦上ノ Church 中田氏に会ヒオ願ヒス」。ネガ3（番号63－66）は「granite 台（医大内）肉紅色長石、表面多少 melt ス。瓦モ melt セリ」。ネガ4は前述の瓦と「伊東家●●墓」にそれぞれ対応する。

しかし、当日最初に調査し撮影した皇太神宮二の鳥居の写真は紙焼きとして存在するが該当するネガはない。問題はネガ2であり、その6齣目に謎であった「狛犬の頭部」が写し込まれている、このネガは2齣から6齣まで、あたかもズームレンズで撮影したかのように「狛犬の頭部」がクローズアップされている。この一連の写真は、「狛犬の頭部」が天主堂全体の中でどこに、そしてどのように存在しているかを記録するために撮影されたとしか考えられない。即ち「狛犬の頭部」を目的とした写真である。渡邊はこの時「狛犬の頭部」を浦上天主堂で発見し、それを被爆標本として収集することを中田司祭に「オ願ヒ」したのである。従って東大の「狛犬の頭部」はもはや犬ではなく獅子（獅子頭）に変身したのである。広島護国神社の失われた「狛犬の頭部」は、実は長崎浦上天主堂の入り口のアーチを飾っている柱飾りであったのである。

　獅子頭のルーツがわかってくると、もともと著名であった浦上天主堂は昔から写真の被写体となっており、数多くの写真が残されていた。その中に獅子頭が柱飾りとして鮮明に写されている写真が提供された。それによって獅子頭はアーチの片側に3個（あるいは4個）、即ち一つの入り口に6個ないし8個あったことがわかる。浦上天主堂の正面には三つの入り口があったので獅子頭は少なくとも18個ないしは24個あった。天主堂の側面や裏面の様子を知る写真を入手することは出来なかったので天主堂全体で何個の獅子頭があったかはわからない。しかし最大の謎は、渡邊先生が何故「広島でひろった」と言ったかである。さらに、フィールドノートの達人であった渡邊

下ノ川護岸壁の写真。右は拡大写真で安山岩の熔解の様子。

先生が昭和21年5月13日の「156」浦上ノ Church 中田氏ニ会ヒオ願ヒス photo」としながら、156の番号を獅子頭に与えなかったのであろうか。この謎は未解決のままである。昭和21年天主堂を再訪し、時の主任司祭中田藤太郎氏に獅子頭を標本として採集することをわざわざ「オ願ヒ」したのは、聖像に対する渡邊の気持ちから理解できるのである。温厚な渡邊にとっては神道の「護国神社」もキリスト教の「天主堂」も区別がないのではないか。原爆被害を明瞭に留める聖像（獅子頭が聖像に当たるかは筆者にはわからないが）に対して標本として接するというのは原爆被害を科学として解明しようとする科学者の行為としては当然ではあるが、渡邊の敬虔な気持ちに幾ばくかの引っかかりがあるために、敢えて場所を特定せず、漠然と「広島」と言ったのではないか、と言うのが筆者の推測である。

■その2「サカヒバシ(さかいばし)」

昭和20年10月15日、浦上駅頭に立った渡邊の一行は、まず爆心地に向かった。爆心地の最も近くに残されていた建造物である御大典記念碑の調査を終えて松山橋を渡り、付近の民家で被爆試料を採集した。そこで「サカヒ橋」に出たとの記述がある。ところが「サカヒ橋」は現存しないどころか、そのあった場所すら特定できなかった。数回の現地調査や長崎原爆資料館に依頼しての調査でも手掛りは得られなかった。フィールドノートの記載順から判断して渡邊の調査ルートの松山橋から浦上天主堂の間にあることは間違いない。またノートに2枚の写真を写したことが記録されているが、その写真に

山里町高台から爆心地を撮影。右は丸の部分の拡大写真。(撮影:林重男、提供:長崎原爆資料館)

は、川の護岸の安山岩の表面が原爆で表面が熔解した様子が記録されている。

その次に撮影された写真は現在の原爆資料館の辺りから爆心地を眺めたものである。しかし、フィールドノートの調査時の頁には撮影の記録はない。現地調査では、松山橋と天主堂の間と

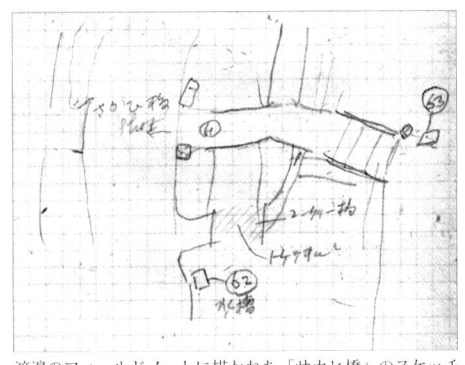

渡邊のフィールドノートに描かれた「サカヒ橋」のスケッチ

いうことから調査対象を下ノ川に限定した。下ノ川は浦上川に流れ込んでいる小川で、本尾地区と江平地区を源流とする2本の小川が浦上天主堂の下で合流して現在の平和公園(浦上刑務支所)の南から爆心地を通り国道206号線、市電、JRをくぐって浦上川に流れ込んでいる。

もう一つの重要な手掛りはフィールドノートに描かれた渡邊のスケッチである。川(下ノ川と仮定)に架かる「サカヒ」橋とそこに流れ込む小さな流れ、横に置かれた水槽(防火用水であろう)、表面が溶けたコンクリートの橋などが書き込まれている。現地調査で最も頭を悩ませたのは流れ込む小川を見つけることが出来なかったことであった。爆心地付近は道路の付け替えなどの再開発が行われているようなので小さな川は無くなっている可能性が

第6章 解明された謎と残された謎　123

最近、長崎で発見されたさかい橋の写真（提供：長崎原爆資料館）

高いと考え直すことにした。たまたま「長崎原爆戦災誌」に貼付されている林重男氏撮影の爆心地のパノラマ写真を見ていて、その一部が渡邊が撮影した爆心地を眺める写真と一致することに気がついて、原爆資料館にお願いして林重男氏の写真のプリントをお借りした。

　プリントの端から端まで穴の開くほどに見ていると、ある場所に来たときにピーンと記憶を突かれた気がした。そこは下ノ川に残された橋の土台の部分であった。渡邊の「サカイ橋」の写真と一致するではないか。さらに、手前には防火用水があり、橋の手前側には2本の橋柱が残されて、1本は正立して1本は倒れている。この様子は渡邊のスケッチそのものではないか。「サカイ橋」とは原爆投下前まで下ノ川に架かっていた木製の橋で、原爆で落下して、その後の下ノ川の改修で橋の土台も失われ、現在は痕跡も留めていない。後からわかったことであるが、「さかい橋」とは松山町、山里町、浜口町のちょうど境界にあった「境橋」であった。現在の爆心公園には下ノ川を跨ぐ「緑橋」があるが、さかい橋よりも数百メートル下流である。平成18年9月には、さかい橋の歴史が明らかになった結果、当時を知る有志の手によって戦前の図面に基づいてさかい橋の場所を決定し、下ノ川のその場所にマークが付けられたそうである。頭を悩ましてさかい橋を再発見した筆者にとって非常に嬉しいことであった。

　さらに、境橋を決定づける写真が（財）長崎平和推進協会で発見された。そこには草むらに放置された「さかいばし」と刻まれた石柱が写されており、もう一枚には「昭和4年1月架橋（橋の字は不明瞭ではあるが）」と刻まれ

ている。左の写真で、後方に写っている建物は、現在の長崎原爆資料館の前身である旧原爆資料館である。この建物は昭和24年5月に爆心地に建設されたことから、この2葉の写真は、それ以降に撮影されたことがわかる。なお、左の写真の石柱は、現在長崎原爆資料館に展示されているが、右の写真の「さかいばし」と刻まれている石柱の行方はわからない。

■その3 「忠魂碑、記念碑」

　戦前には広島、長崎ばかりでなく全国に忠魂碑や忠霊碑が建てられていた。その多くは戊辰戦争から始まり日清戦争や日露戦争で戦場に斃れた兵士らの霊を慰めるものであった。広島や長崎でも、かつて多くの碑があったと思われるが、現存するものはそう多くはないし、またあったとしても実にひっそりと立っている。全ての碑を取り上げることは本書の目的ではないので渡邊のフィールドノートに出てくる数少ない碑の「謎」について考えてみたい。
　広島で渡邊のノートに出てくるのは杉本中佐像と日清戦争戦勝記念碑である。昭和20年10月13日、軍部の中心があった基町を調査したときのことである。広島駅から幟町、連隊区司令部を経て「杉本中佐像」を見つける。ノートには「杉本中佐像　照射方向コゲ　gr（花崗岩の略）　赤　Splitting（剥離）」とのみ記述されている。杉本五郎中佐は熱烈な天皇中心主義者で1937年37才中国で戦死する。その遺著「大義」は当時の大ベストセラーとなり、死後は軍神として崇められた。杉本中佐像が西部二部隊に建てられた経緯は村上哲夫著の「広島師団の歩み」に詳しい。杉本中佐の思想に感激した広島

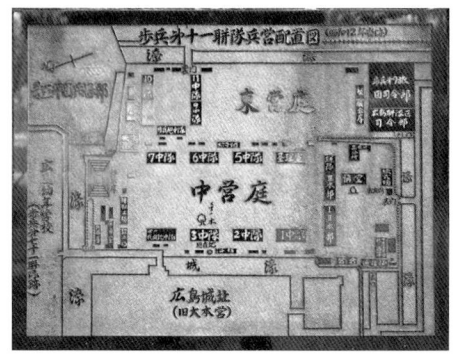

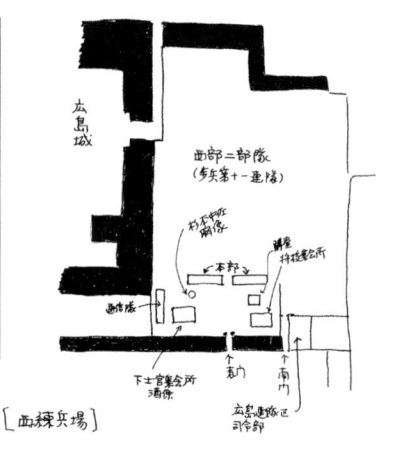

広島城の壕端に立つ歩兵第十一連隊記念碑の銘板

〔西練兵場〕

　在住の篤志家が胸像寄贈を申し出た。紆余曲折の末に、西部二部隊の営内に建てられたという。杉本中佐については山岡総八や城山三郎の著書がある。当初は彼の思想が軍部にとって都合の良いものであったが、中国における軍隊の実態が彼の理想とする皇軍とはかけ離れたものであると批判するにいたり、ついに軍は彼を激戦地へ赴任させ死に至らしめたというのが真相のようである。結局、杉本中佐像は戦後撤去され、基町地区の再開発とともに全てリセットされて現在は建っていた場所すら明らかではない。その存在すら忘れ去られようとしている。筆者は杉本中佐像のあったと思われる場所を調査したが全く手掛りが得られなかったが、広島平和記念資料館から杉本像は西部二部隊の一角にあったらしいとの情報が入った。広島原爆戦災誌によると、西部二部隊は歩兵第一補充隊（歩兵第十一聯隊）の所在地であり、広島城の東側に位置していた。また、たまたま購入した佐々木雄一郎氏の「ヒロシマは生きていた」という本をパラパラめくっていると、頭部の半分を吹き飛ばされた杉本中佐像の写真が掲載されていた。写真には広島城の堀端の城壁も写し込まれている。村上哲夫著「広島師団の歩み」によると、杉本中佐像は「連隊営門の正面本部と下士官集会所（酒保）との中間に東面してあった」とある。写真の歩兵第十二連隊記念碑の銘板と対照すると図に示した位置であろうと思われる。

　従って渡邊の調査ルートも明らかになった。10月13日渡邊は幟町から白島派出所まで北に行き、そこから連隊区司令部まで戻ってから南に進み、西部二部隊の南入口付近で杉本中佐像を見て広島城の表御門前の野砲兵第五連

126　第6章 解明された謎と残された謎

隊入り口の門柱を調査した。そこから広島第一陸軍病院第一分院の入り口門柱を見て、西練兵場を通って紙屋町方面に移動したのである。

　西練兵場から紙屋町への出口付近には日清戦争の勝利を記念して凱旋兵士を迎えるための日清戦役戦勝記念碑が建てられていた。宇品港に上陸した中国から帰還した兵士は広島市内を行進して西練兵場から基地内に入ったと思われる。その西練兵場入り口に記念碑はあった。残されている資料によると、軍隊での催しでは、非常に目立つ戦役記念碑が迷子になった子供たちを集める場所になったそうである。分院を経て記念碑に至った渡邊は、ノートに昭和20年10月13日の最後に、「pebble（小石）　記念碑台　H 39（後に書き加えられた写真番号）　●●石ハヤケル」と記述した。残念ながら写真は現存しない。しかし上述の林重男氏のパノラマ写真に記念碑の台が写し込まれている。記念碑自身は原爆の爆風で倒壊して土台のみが残された。

　一方、長崎では「御大典記念碑」、「忠霊碑」と二つの碑が記述されている。御大典記念碑は昭和20年10月15日のフィールドノートに記述がある。

　54）御大典記念碑　西島助義
　　　　photo N3
　　　　And.（上部）、人造石（台部）
　　　　（スケッチには）
　　　　54a　裏　And.
　　　　54b（台座2段目の角）　Calcite+ ●

浦上駅に降り立ち、駅前から爆心方向に向かった渡邊は、下ノ川橋で御大

御大典記念碑。左は渡邊調査の時、右は現在の平和記念公園内。 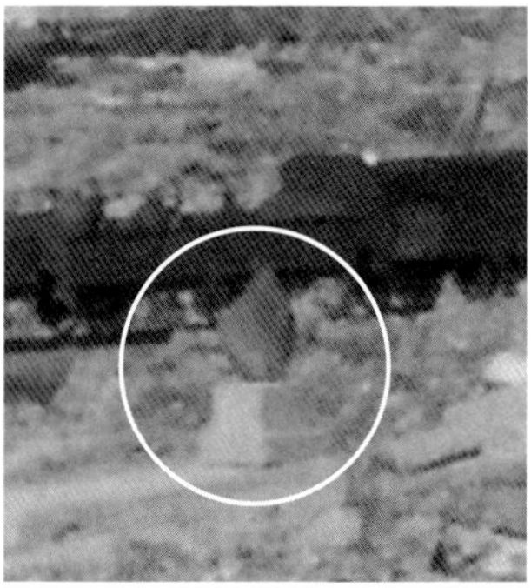　　林重男が撮影した爆心方面の写真の中の御大典記念碑（丸印の中）

　典記念碑の存在を認めた。爆心付近の一面の瓦礫に残った数少ない建造物であった。しかし、その御大典記念碑は現存しない、というよりも、もともと建っていた場所にはない。フィールドノートには詳細なスケッチが残され、N3 と記載された写真もある。スケッチに記念碑のすぐ横に「道路」と書き込みがあり、写真にも現在の国道と思われる人の行き交う道が写し込まれていることから、現在の国道沿いに立っていたと思われた。しかし、その正確な場所はわからなかった。筆者は平和記念公園の中を調査していて偶然に御大典記念碑を発見した。平和記念公園から南東へ下の川に下る散歩道の傍らにひっそりと立っている。風雨に晒されて古色蒼然とした記念碑であるが、「昭和3年秋日　御大典記念碑　陸軍中将従二位勲一等功二級男爵西島助義謹言」の文字が金色に鮮やかで異様である。昭和3年とあることから、この碑は昭和天皇の即位を祝って西島助義によって建てられたものであることがわかる。

　大正天皇の崩御後に、直ちに即位した際の践祚式そして即位を内外に示した即位式が行われた。即位式は喪が明けた年の大嘗祭と共に「御大典」として国家を挙げた祝賀行事であった。この御大典を記念して全国各地で記念碑が建てられ（現存するものも多数ある）、浦上の御大典記念碑も昭和3年11月10日に京都御所で行われた昭和天皇の即位式を祝ったものである。しかし戦後、GHQ の意向もあって、どこかに片づけられていたものを、昭和45年に松山町の有志の手で、平和記念公園内に再建されたらしい。

　現在の御大典記念碑の土台は再建時のもので被爆当時のものではない。で

渡邊撮影の忠魂碑土台上の影

天主公園に置かれている忠魂碑

は、もともとはどこにあったのか。その手かがりは、実は「さかい橋」の手がかりを与えてくれた林重男氏撮影の写真であった。画面中央には黒煙を吐いて救援物資を運ぶ貨物列車が写されているが、その部分を拡大してみると前から5-6両目の貨車の前に御大典記念碑が写し込まれていた。松山町交差点から北に少し行ったところで、ちょうど浦上刑務支所のあった高台が立ち上がる付近である。高台の南側には少なくとも6個の防空壕が見える。防空壕のいくつかは現存するが、その位置関係から現在の平和記念公園へ上る階段の下あたりと思われた。その後、何人かの長崎の方から戦前の御大典記念碑が写っている写真や被爆前の復元地図を入手したが、当時の御大典記念碑の位置は上に述べた位置にほぼ間違いない。

　渡邊が調査した当時、安山岩製の碑は、「御大典記念碑」と刻された面の背面が原爆熱線によって一面に熔解していた。フィールドノートのスケッチにも熔解の箇所が影として描かれており、台座の方向がN12°Wと記録されていることから、御大典記念碑の方向が推定され、(当然のことであるが)「御大典記念」と刻された面が国道を向いていたことがわかる。現在の御大典記念碑は、戦後60年間風雨に晒されて風化が進み、熔解部分が熔脱し、さらに苔むして被爆の痕跡を見ることは全く出来ない。ただし、詳細なスケッチのお陰で、渡邊が採集した試料は記念碑の安山岩のどの部分であったかは容易にわかる。御大典記念碑を原爆の記録資料と考えるならば、戦前の位置に戻した方が良いのでないか。

　もう一つの忠魂碑は、同じ昭和20年10月15日、浦上天主堂を調査した

第6章 解明された謎と残された謎　129

左は天主堂前に建てられていた忠魂碑の台座（丸印）。右は天主堂から見た倒壊した忠魂碑。
（左　撮影：林重男、提供：長崎原爆資料館、右　提供：長崎平和推進協会）

後に訪れている。
　67）浦上天主教会堂
　68）〜73）は天主堂の様々な石材の記載
　74）宗教ノユルサレタ記念碑
　　　日本ニオケル公教の復活
　　　五十年記念
　　　（信仰の礎）
　75）天主堂ノ南側瓦　筑後城島今村製蔵（造）
　76）REd aNd. 積石
　77）S.S. 土台
　78）忠魂碑　土台上部　蔭 photo N18, N19
　　　N65oE　dacite　明治37—38年戦役碑

写真のN18、19は現存するものの、熱線の影を近くによって撮影したもので、全体像や周辺の様子はわからない。この忠魂碑も全く存在がわからなかった。ノートの記述の順番から浦上天主堂の周辺にあったことだけが確かであった。結論から言うと、浦上天主堂へ登る道の途中に建てられていたのだが、忠魂碑がキリスト教会と同じ敷地内にあることが筆者には思い浮かばなかった。浦上天主堂近くの忠魂碑について情報を集めていたところ、長崎の方から、天主堂下にある公園に忠魂碑らしいものがあると教えられた。筆者としては綿密な調査をしたはずであるが、気がつかなかったとは、未熟を恥じて天主公園を訪れてみた。公園の北東の片隅に忠魂碑はあった。子供

たちが走り回っている公園に似つかわしいとは思えない風情であった。忠魂碑は大正6年御大典記念碑と同じく西島助義によって建てられている。御大典記念碑よりも白っぽく、もちろん被爆の痕跡はない。渡邊はdaciteと記述している。長崎平和推進協会の深堀好敬さんにお願いして被爆直後の浦上天主堂の全体をとらえた写真と浦上天主堂から爆心方向を写した写真を探して頂いた。浦上天主堂の全体をとらえた写真には天主堂への入り口となる登り坂の左側の土手に忠魂碑の土台と思われる3段の台座が写っていた。また浦上天主堂から爆心方向の写真には残された土台と、その足下に転落した忠魂碑が写っており、現存する忠魂碑と形が一致する。このことから、忠魂碑の元あった場所を決定することができた。この忠魂碑もどこかに片づけられていたのが、御大典記念碑再建と同じように昭和44年有志の手で再建された。ただし、元の場所ではなく、約100m離れた天主公園の北東隅にひっそりと再建されたのである。深堀さんのお話では、この忠魂碑は日清・日露の戦争に斃れた浦上のキリスト教信者の魂を祭ったものであるという。それで忠魂碑が天主堂敷地内に建てられた理由を多少は理解できたのである。

■その4 「橋」

　渡邊のノートには「橋」が数多く登場する。その理由の一つは、広島・長崎ともに川が多いことである。広島は太田川の三角州に築かれた都市であり、橋が多く、どこに行くにしても橋を渡らなければならない。一方、長崎の浦上はその中心を浦上川が貫通して地区を東西に分けており原爆の遺構が両方

現在の江平橋　　　　　　　　　　爆風で橋がずれた江平地区にある無名の橋

に存在すること。また、浦上川には下ノ川、城山川など支流があり、特に下ノ川沿いに多くの原爆遺構がある。もう一つの理由は、橋は周囲を覆うものが少なく欄干や橋柱に熱線の影響がよく残されているからである。フィールドノートに記述されている橋の名前を列挙すると、広島では、栄橋・京橋・元安橋・本川橋（10月水害で落橋）・万代橋・明治橋（9月の台風で流失）・猿猴橋・横川橋・三篠橋、長崎では下ノ川橋・さかい橋・高江橋・高尾橋・岩屋橋・西一条・音無橋であるが、そのほかに必ず渡ったと考えられる橋が広島の相生橋・己斐橋・天満橋、長崎の松山橋・本尾橋・梁川橋・梁橋・大橋などである。これらの橋の多くは、架け替えられており遺構として考えることはできないが、現存しているために場所を特定することには役立つ。

　この中で最後まで場所がわからなかったのは「さかい橋」と「高江橋」であった。「さかい橋」については既に書いたので、ここでは高江橋について調査記録を紐解いてみる。渡邊のノートに高江橋が登場するのは、昭和20年10月16日である。皇太神宮（現在の山王神社）から長崎医科大学（現在の長崎大学医学部）の調査を終え、医科大学で昼食を取った後、附属病院から高江橋に向かった。「長崎手帳 No. 30」の長崎橋名録には高江橋の名が見られ、江平町にあるとの記述であった。しかし、長崎市の話では、長崎橋名録は昭和36年4月現在の市内の橋を橋梁台帳と照合して作成されたもので、現在高江橋が存在するかはわからないとのことであった。そこでフィールドノートに立ち返って考えることにした。

　　88）医大附属病院門

89）石柱（長崎医科大学入口）
90）N30°W granite　長崎医大門　精神科　photo　病院　N50°W
91）fused 瓦　ヤヤ顕著
92）墓石　gr. ハゲル少シ
（93 抜け）
94）高江橋　and.　トブ　黒色

　この後、渡邊は浦上天主堂の傍らを抜けて爆心地に向かった。即ち、病院門から医大に行き、再び病院の精神科に出て、江平町に向かっている。従って、高江橋は医科大学附属病院から天主堂の間にあると考えられるのだが、病院から天主堂に至る道は大きく分けて2通りであろう。一つは旧浦上街道を通って天主堂に至る道と、医大裏から江平町に入って川沿いに天主堂に至る道である。前者は江平町の領域を通らず、一旦天主堂に出てから川を遡りつつ江平町に行く必要がある上に、著しく遠回りである。筆者の想像は後者である。N23の写真は安山岩の土台石を撮影したものであるが次のN24の写真は病院の裏山から撮影されたもので、撮されている建物は病院の北側から2番目の建物で上にドームを持つ塔が特徴的である。ここから医大裏へ出て、東に江平町に入ると高江橋に至る。
　筆者は天主堂の前で下ノ川が二つに分れたところから天主堂の南側の流れを高江橋を求めて遡った。この小川には数多くの橋が架かっているが、その大部分は無名である。どのような小さな橋も見逃すことなく調査したが、ついに高江橋を発見することなく終わってしまった。

中国新聞社から蠍町方向の遠望（撮影：林重男、提供：広島平和記念資料館）

　しかし、調査の約2年後に長崎の方から重要な情報を得た。高江橋は昭和57年7月の長崎大水害で流失し、江平橋と名前を変えて架け替えられたというのだ。早速、長崎に出かけて江平橋を訪れたが、同行してくれた方の話では、高江橋は長崎に多く見られた石造りのアーチ橋であったそうである。流失後に再建される話が出たとき、アーチ橋として再建するように要望したが、残念ながら江平橋として再建されたのはごく普通のコンクリートの橋であり、「江平橋」と刻した銘板がはめ込まれている。高江橋を見ることは出来なかったが、少なくとも高江橋の場所は明らかになった。渡邊は医大裏から江平町に入り高江橋を調査した後に、川に沿って天主堂に至ったのである。長崎橋名録は昭和36年4月現在の橋の名簿であるから、昭和57年の水害で流されて現存しない高江橋を橋名録根拠に探し回っても発見できなかったのは至極当然であった。一面的な調査では全容解明はできないという、筆者にとっては良い教訓となった高江橋であった。

　高江橋を案内してくれた方は、高江橋から100m位離れた無名の橋も教えてくれた。そのコンクリートの小さな橋は爆風で橋桁からずれてしまったが、現在もずれた位置で固定されている。これも原爆の威力を伝える記念物であると思うが、殆ど気付かれることなくひっそりとたたずんでいる。

■その5　「神田外科」

　神田外科は広島調査3日目のフィールドノートに記述されている。
　　　えんこう橋　徳山石　変化ナシ

○印が神田外科（撮影：林重男、提供：広島平和記念資料館）

　　京橋　徳山石　変化ナシ
　　芸備銀行　marble　変化
44）神田外科門柱アジ、カ、ヨソク二
　　　根本二孔アリ
　　（東警察署白島巡査派出所）幟町
45）広島連隊区指令部

　猿猴橋から渡邊は芸備銀行に立ち寄り京橋を渡った。この芸備銀行とは芸備銀行京橋支店のことであろう。そこから神田外科を経て東警察署白島巡査派出所に出たと考えられる。この神田外科の場所が謎であった。東警察署白島巡査派出所が括弧付きであるので、神田外科が派出所の近くである可能性が高い。東警察署白島巡査派出所は常磐橋の西詰にあった事がわかったので、神田外科も常磐橋の近くにあったと考えた。しかし、それは推測の域を脱していない。神田外科は手掛かりを得られないまま常磐橋近傍と考えて済ませていた。しかし、2005年6月に奈良在住の神田さんの親戚の方から、詳細はわからないが神田外科は幟町にあったはずである、との連絡をいただいた。幟町も原爆で壊滅し、その後の再開発で戦前の面影は全くない。当時の幟町の写真を見ると僅かなコンクリート造りの建物を除いて瓦礫の野原である。そのまま事態に進展はなかった。しかし、最近になって昭和4年当時の広島市街図が復刻された。その地図上には神田外科が記載されていたのである。場所は当時の幟町小学校の隣であった。現在幟町小学校は2筋離れた場所に移転したので、神田外科のあった場所は幟町警察署交差点角に当たる事がわ

かった。その観点で写真を見てみると、写真の丸印が神田外科の廃墟で、その奥が久村邸（「ヒロシマの被爆建造物は語る」に詳しく記載されている）。渡邊の記述によると、神田外科の門柱は四国産の花崗岩で「庵治石」（高松東部の八栗五剣山産）か「ヨソクニ石」（多分、愛媛県越智郡宮窪産の伊豫石）のものではないかと指摘している。爆心からの距離がおよそ 1100 m であるので、ハジケはほとんどなかったはずである。

■その 6 「フィールドノート」

　渡邊のフィールドノートの記述法には、当然のことであるが、ある決まった渡邊流の書き方がある。まず最初に、調査旅行の全体計画が書かれ、そこに必要な汽車やバスの時刻表が書き込まれていることが多い（後から加筆や訂正もある）。次に、調査の日ごとに、当日の予定（調査場所、時刻表、昼食の予定場所など）、天候、同行者が書き込まれる。同様に加筆・訂正がある。そして調査の記録が始まる。広島・長崎での調査では、写真を撮影したときには単に photo と書くだけで、調査終了後に写真を現像し、全ての写真に連番を付けて、その番号を photo と書かれた場所に追加している。写真の連番は昭和 21 年に亘って振られているが、連続して番号の振られた写真のリストは昭和 20 年のフィールドノートにある。番号の前に H、N とあるのは昭和 20 年の広島、長崎の写真で HH は昭和 21 年の広島の写真である。しかし昭和 21 年の長崎の写真は現存するがリストにない。フィールドノートにも昭和 20 年の広島、長崎、昭和 21 年の広島の部分にはきちんと H、N、

HHが書き込まれているが、昭和21年の長崎にはphotoのみである。何故であろうか、謎のまま残されている。

　もう一つの謎、そして最大の謎は、フィールドノートに記述されている事項の順番であった。昭和20年の調査では調査地点1番の栄橋から131番の雨水貯水池まで順番に記述されている。その後ろに昭和20年11月15日被爆調査団の会合が東大の物理学教室であり、仁科博士の講義のメモが残され、続いて昭和20年11月30日に原子爆弾被害調査研究委員会の調査報告会があったことがメモされている。そして調査中に撮影された全部の写真が昭和20年10月11日の日付で記載されている。この日付も正しい順番ではないが、実際の写真の記述は昭和21年の調査終了後に行われたので、この矛盾はさほどに重要ではない。ところが、その後に

　photo 1　　帝銀前　東向　本通一丁目
　photo 2　　小島君、秀君　住友銀行
　photo 3　　ヤケアト
　　　　　　granite、quartz ガアカイ、fused surf.、Mafic
　ph. 4　　　Gokoku-Shrine
　　　　　　遠景、Sample amphiborite fused sample (41-42)
　ph. 5　　　ヒロシマ児童文化会館
　　　　　　相生橋より
　photo 8　　相生橋上　Shadow 西側
　　　　　　N22W　ハンカゲ、N25W　本カゲ

第6章 解明された謎と残された謎　　137

160　（スケッチ）
　　161　風月堂
　　　　green rock + pebble (fused)
　　　　堺町一丁目
　　　　五流荘、元安橋、爆心五流荘
　　　　鉄塔下　Center of impact
　photo 16　実道教薫信士の墓
　　　　　西福院（木挽町）
　　　　　誓願寺、西福院（木挽町）、持明院の地図スケッチ
　　　　　広島見学　同行　小島君、秀君

　という記述があって昭和20年のノートが閉じている。これが問題であった。
　昭和21年の調査記録では、番号145の横川駅から番号151の安田生命（以上広島）、番号152の皇太神宮から番号159の伊藤家の墓（以上長崎）となっている。昭和20年の調査番号が昭和21年の調査番号より古いことは考えられない。この点に関しては全く想像がつかなかった。渡邊は昭和20年10月と昭和21年5月の2回しか広島、長崎を調査していないはずである。
　しかし、それは筆者の思いこみであった。渡邊が亡くなって7年目に同僚・教え子が集まって「回想の渡邊武男先生」という本を出版した。その中に広島大学名誉教授の秀敬が「渡邊先生は戦後の1948（昭和23年)年6月12日、広島原爆災害の地質学的調査の仕上げを目的として山崎正男氏と共に来広さ

れ、翌日小島丈児先生と一緒に調査された。(中略) 野帳によると東千田町の大学構内から北に進み、爆心（央）地や周辺15地点での観察記録が残る。ゆっくりと綿密丁寧に観察され、その結果をたしかめあいながら歩まれたと記憶している」と書かれている。

　この文章を初めて見たときは、渡邊が昭和23年に第3回目の調査をした、という筆者にとっては未知の事実があったことに驚き、あわてて秋田大学にお願いして昭和23年のフィールドノートを見せていただいたのである。しかし、その記述は科学的なものでなかった。

　6. 12. 1948
　午後3時広島着。小島君出迎え。
　文理大へ。
　文理大へ1泊。
　写真整理。小島君にSchistの話をきく。
　6. 13.
　午前10時より小島、山崎、秀氏と共に広島市内見学。
　Photoの場所をcheck 完了
　尚考察に1泊
　6. 14.
　文理大にて、長岡氏来られ、photo整理の上、打ち合わせすませて
　午後大体仕事を終了
　夕刻、宇品より別府行きにて出立

船混雑せず甚だ楽。

　いままで集めた記録を何回も読み返して考えている内に、昭和20年のフィールドノートの最後の記述が昭和23年の記録ではないかと思いついた。そう考えれば昭和20年、21年の調査番号と整合性がある。また「同行者小島君、秀君」とも一致する。渡邊は23年の調査が昭和20・21年の調査と一連であることを意識して、23年の調査でありながら20年のノートに記録したのであった。昭和21年のフィールドノートには、原爆調査の後、引き続いて山口県河山鉱山、伊豆宇久須鉱山・明礬石鉱山、佐渡鉱山とフィールドワークが続いている。従って、昭和21年のフィールドノートには昭和23年の調査記録を引き続き書き込む余白がなかったのである。まさしく昭和23年の調査は被爆調査の総仕上げであった。

第7章
エピローグ

第7章　エピローグ

渡邊武男先生の肖像
（昭和43年 木村伊兵衛撮影）

　渡邊の調査の手法は典型的な地質学者のそれであった。調査対象が石であっても、地質調査の手法が原爆被害調査という全く異質の分野に通用するかどうかは渡邊にとっても未知であった。しかし調査結果を見る限り、渡邊の危惧を微塵も感じさせない。また原爆で広島・長崎が壊滅した１ヶ月後という極限的な環境下で行われた困難さを微塵も感じさせない。渡邊が第一級の研究者としての能力と精神力を備えていたことを示している。渡邊にマンツーマンの指導を受けた清水正明（富山大教授）には、渡邊が広島・長崎を調査するときに「周りには、家族や家を失った人や怪我をした人が沢山いる。国の命令とはいえ、そういうときに調査をしていていいのだろうかと思っていた」と語ったという。渡邊の科学者としての能力が優れていたことは渡邊の業績が示しているし、それが社会から認められていたことは学士院賞を受賞し学士院会員に推挙されたことで明らかである。筆者との接点はそう多くはないが、数少ない思い出から筆者から見た渡邊の人柄を物語るいくつかのエピソードをエピローグとして紹介したい。

　ここからは、筆者は渡邊先生と呼ばなければならない。筆者は卒業論文のテーマの選択で鉱物学を選択したために渡邊先生の学生ではない。しかし、東京大学では地質学と鉱物学は緊密な関係があり、学生の居住する研究室も共通であるし授業・巡検も一緒にこなしていた。大学院生になって初めて別々の研究室に移るのである。従って、筆者も３・４年生の時は渡邊先生の授業を受け巡検にも連れて行かれた。渡邊先生の指導を直接受けた学生ほどには、渡邊先生のことについて書くことは少ないがそれでも、思い出に残る接点が

あった。

■鉱物標本始末記

　筆者が鉱物の大学4年生の時であったと思う。現在もそうであるが、当時も教室は標本に埋もれていた。標本を収蔵する部屋はとっくに満杯で、廊下から居住スペースまで置けるところには全て標本が置いてあったし、実験室も標本に溢れていた。標本は増える方向の一方通行であり、ある時教授の命令一下、標本整理を行うことになった。大学院生も学生も総動員である。不要な標本を木箱に詰めて裏のゴミ箱に捨てるのである。標本を採集した時の新聞紙にくるまれたままの標本も多数あった。中には立派な標本があって、自分のコレクションに加える目端の利いた者もいた。1日か2日作業が続いた時と記憶しているが、整理の指揮をしていたT先生が真っ赤な顔をして、「いやーナベさんに怒られた」と部屋に入ってきた。渡邊先生から呼びつけられて「標本を捨てるとはなんだ。標本を捨てるなら教室の看板を下ろしてしまえ」と怒鳴られたそうである。「あんなに怒ったナベさんを見たのは初めてだ」と、標本整理は急遽中断してしまった。標本を大切にする渡邊先生にとって、標本をスペースの不足という理由で処分することはとんでもないことであったのであろう。

■食魔

　駒場から本郷に進学してくる学生の歓迎会で、渡邊先生は「私は食魔です。

色魔ではありません」といって笑わせるのが常であった。最初のうち、何回か先生が食事をするのを見ていても食魔と自称する程ではないな、と言うのが印象であった。しかし、忘年会か新年会の時であったと思う。先生の「食魔」の意味がわかったのである。先生の食魔は大食いという意味ではない。例えば、忘年会で学生は酒を飲んで騒ぐ。渡邊先生は余りお酒を飲まないので、少し飲んで寝てしまう。学生が騒いでいるうちに、渡邊先生は目を覚まし、急がず騒がず目の前の食事を平らげて、けろっとしてにこにこ笑っている。学生はいい加減騒ぎ疲れてふと見ると、渡邊先生は全てを平らげて、にこにこ笑っているのである。決して渡邊先生は大食漢ではなく、出された食事は残さず食べる。これが先生の言う「食魔」なのである。

　地質・鉱物に進学した学生は3年生の夏に1ヶ月に亘る長期の野外調査をする事になっていた。筆者達の担当が渡邊先生で、気仙沼の北にある唐桑半島を調査することになった。その1ヶ月の野外調査の前に周辺の地質について知っておく必要があると言うことで周辺各地をつれられて見て回った時のことである。夏の日差しが強いちょうど昼頃であった。お腹が空いてきたし、暑さの中を歩き回ることにいささかうんざりしてきた筆者達は、偶然見つけたウナギ屋の看板に元気づけられ「おい、ウナギだぜ。ウナギ食べたいナー」と声を上げた。渡邊先生の助手としてC氏がいたのだが、C氏は「巡検中だ。何をいっているか。不謹慎だ」。すると、渡邊先生は「いいじゃないか、ウナギ食べようよ」と自らのれんをくぐって入っていった。後から聞いた話では、渡邊先生はウナギが大好物だそうで、学生の声は渡りに船であったよう

である。食魔の渡邊先生はにこにこしながら嬉しそうにウナギを平らげた。

　筆者は、大学院を卒業後、ドイツ（当時は西ドイツ）のフランクフルト大学に勤務した。その間、日本の先生方と会う機会も少なかった。たまたま、渡邊先生がドイツ留学時代にベルリンで指導を受けた Ramdohr 教授の 90 才の記念パーティーが 1980 年にハイデルベルクでおこなわれた。その時、先生は既にパーキンソン病に罹り、立ち居振る舞いが不自由であったにもかかわらず、一人でドイツに来られ恩師の会に出席された。パーティーに出席した後、渡邊先生がフランクフルトを訪ねて下さった。先生が昼食を一緒に取ろうということで、大学のすぐそばのヴィーナヴァルドというレストランでヴィーナシュニッツェル（ウィーン風の子牛肉のカツレツ）をご一緒した。肉の大きさもさることながら、付け合わせの唐揚げのジャガイモ、サラダも半端ではない量である。筆者も量は結構いける方であるが、全て平らげると満腹になる。渡邊先生は震える手ではあるが、ゆっくりと、そしてしっかりと全てを平らげた。ヴィーナヴァルドでの渡邊先生はまさに食魔の名に相応しい。食事の後に、「田賀井君、少し散歩しよう」と言われたので、歩いて 5 分くらいのところにあるパルメンガルテンという植物園を散歩した。公園の中をゆっくりと散歩しながら先生は研究の現状や、将来のことをたずねて下さり、きっちりと研究を続ければ、自ずと道が開けるのだということをさりげなくおっしゃった。その時の先生の温顔と深い眼差しを忘れることは出来ない。歩き難いところで、手をさしのべても「大丈夫だ」と、ゆっくりとした足取りで公園内を散歩したことを懐かしく思い出す。自分の弟子でもな

い筆者に、心配りをしてくださった渡邊先生を身近に感じた瞬間であり、教育者のあるべき姿を学んだのである。

　先生が亡くなられたのが昭和61年。没後7年目に、先生を慕った後輩・弟子によって「回想の渡邊武男先生」が出版されているが、その中身は渡邊先生への敬愛に満ちている。渡邊武男は最も優れた研究者であり教育者であった。

　参考文献
原子爆弾災害調査報告書・総括編：日本学術会議原子爆弾災害調査報告書刊行委員会編、日本学術会議発行、1951
原子爆弾災害調査報告書・第一・二分冊：日本学術会議原子爆弾災害調査報告書刊行委員会編、日本学術会議発行、1953
広島師団の歩み：村上哲夫著、十一会発行、1961
広島原爆戦災誌　第一巻～第五巻：広島市編・発行、1971
原子爆弾　広島・長崎の写真と記録：仁科記念財団編纂、光風社書店発行、1973
長崎原爆戦災誌　第一巻～第五巻：長崎市役所編、長崎国際文化会館発行、1977-83
被災地復原図：長崎市発行、原爆被災復元調査事業報告書（別冊）、1980
神の家族400年・浦上小教区沿革史：西田秀雄編、浦上カトリック教会発行、1983

歩兵第十一聯隊史：鯉十一会編集・発行、1993
原爆遺構　長崎の記憶：長崎の原爆遺構を記録する会編集、海鳥社発行、1993
回想の渡邊武男先生：渡邊武男先生追想集刊行会編集・発行、1993
ヒロシマの被爆建造物は語る：被爆建造物調査研究会編集、広島平和記念資料館発行、1996
原爆被爆記録写真集：長崎原爆資料館編集、長崎平和推進協会発行、1996
ヒロシマ散歩：植野浩著、汐文社発行、1997
ヒロシマは生きている：佐々木雄一郎著、毎日新聞社発行、1977
林重男氏寄託写真の調査：井手三千男著、広島平和記念資料館資料調査研究会平成12年度報告書、2000
第一回広島護国神社史研修資料：広島護国神社発行、2002
石の記憶－ヒロシマ・ナガサキ　被爆試料に注がれた科学者の目：田賀井篤平編、東京大学出版会発行、2004
地図中心　2005号外 被爆60年増刊号：財団法人日本地図センター発行、2005
広島市案内記　復刻：あき書房発行、2006

謝辞

　本書は著者が渡邊武男の被爆標本と出会ったことから始まった。戦争中に生まれた筆者ではあるが戦争の記憶もなく、広島・長崎との距離は遠かった。被爆標本発見から度々の現地調査、情報収集と東京大学総合研究博物館での特別展示、各地での巡回展と作業は続いた。その間、数多くの人の協力を得た。その方々の協力なくては、謎の解明も進まなかったし、本書の完成にも至らなかったであろう。

　筆者が被爆標本に関心を持って以来、筆者のリクエストに応えて情報を提供してくださった菊楽忍さん、下村真理さん、深堀好敏さんの協力なしには本書は成り立たなかった。また筆者の標本研究を支援してくださった橘由里香さん、玄蕃教代さん、三河内彰子さん、山崎秋子さん、高倉淳子さんに心から感謝します。

　その他、ここにお名前を列挙させていただいて筆者の心からの感謝を捧げたい（敬称は省略させていただきます）。

　藤本武則、故井手三千男、林恒子、林建郎、堺屋修一、川原和博、故西田秀雄、松田斉、宮田隆、岩波智代子、渡邊顕、洪恒夫、石田裕美、菊池誠、松村久義、丸山孝彦、長坂次雄、半田南海江、藤田紀子、谷川愛、清水正明、広島護国神社、広島平和記念資料館、長崎原爆資料館、長崎平和推進協会、秋田大学附属鉱業博物館、新日本映画社、日本銀行金融研究所

　なお、本書に掲載した写真で提供を明示していない被爆写真は渡邊武男の撮影による。また、渡邊武男フィールドノートは秋田大学附属鉱業博物館所蔵である。

付録
渡邊武男報告書
(草稿)

調査方法

地質等に於て野外調査ヲ実施スル場合、方法に従ッテ観察、記入、撮影、など標本採取等ヲナシタリ。各観察先標本採取先ニハッキリシ順ニ番号ヲ附シ、地図ニ記入シテアル。本報告中ニモ観察ノ指示ニハ番号ニヨッテオリ、コレニ与ヘ様心ヨリ、採取、剤定ヲ略記ヲ附シテオイタ。当観察スベテ対象にシタハ石材、岩石、石材ノ産量等ノ重要応用性ガアルモノヲ選択し、照射ニヨル影響ヲミタ。アル約広ヒ範囲ノ決定ヲシテアルコト、変化ヲモジタイッテ、参考ニ、将来的研究ヲ続ケテ行フタメ、資料ノ採取ヲナシタ。時間ノユスカギリ多ッタガ多ク走行事実、蒐集ニツトメタ。

特ニ瓦、花崗岩、安山岩、等ハ広範統合布ノ一ナル方ニ高キ範囲ノ決定ニ約ユキヌ。又、両者ノ組合ワセハ、比較ノ良ヒ資料トモナリ行スト考ヘテシタンデ、念ヲ入レテ行ッタ。現地ノ今ハ、一面、荒野デアルガ、照射ガ行ハレタ時、家屋等モ本ガ建ッテアルノデ仕的ニ、観察スル場合ニハ当然ノ元、写真類ニ充属シテ考ヘネバナラナイ。又、種、照射位、爆風、火災、方向、縁、水害等ノ事象ニシ、要因題、変化等モ充分考慮ニ入レネバナラナイ。従ッテ、アル観察ヘ一ヵ所ニオケルモノデハ不完分的ニ多ク他デモ同様ノ事項ニ数多ク観察スル様努力シタ。

爆源（実ハ着弾位置）ノ方位ト高度ヲ現ニテ測定し、ホボ物理的ニオイテヒサヤタ従一致ニテアルガ、clinometerニヨッテ行ッテ観察シタ精度ハ良好デナカッタ。

石材ソノ他、標本採取ニ際シテハ出来得ルカギリ現地ノ在住判ルモノヲオドル様ニ努力。特ニソノ地方ノ石材等ニツイテ石材店ナドヨリ知識ヲ獲得得ル様ニシテ。

判読不能のため省略

H I

広島市
地質 及び岩石

広島市街ハ主ニシテ太田川其ノ川河口ノ沖積三角洲上ニ位置シテヲリ、ソノ沖積戸ハ花崗岩等ノ較重軟弱ナ泥土、砂及礫等ヨリ成ル堆積物デアル。広島市周縁ノ丘陵地ハ、牛田・比治山中モ上陸ハ、花崗岩ヨリ成ッテヰル。然シナガラ、原子爆弾ニヨル熱射ノ影響ヲ著シク蒙ッタ地域ニハ市街地デアッテ、花崗岩・天然・岩石ハ存在シナイ。又市街地ニハ爆撃後本調査ヲ行ヒシニ迄ニノ間ニ掃苔ノ時日ヲ経過シト、加之、当地方ヲ襲ツタ洪水冬ニ地表面ノ泥土等中ニハ、全ク当時ノ影響ヲ痕ヲ留メズ。ソノ為、天然・岩石等ニ対スル影響ハ全ク調査ヲナス事が出来ナカッタ。

1. 建築石材類（並建造物ニ）対スル 爆撃（読者）

   広島市ハ市ノ周縁及ヨリ背後ノ中国地方一帯が花崗岩ニ富ム為ニ建築石料トシテオピタダイ量ノ花崗岩が使用サレテ同市ノ景観ノーツノ要素ヲ形ヅクッテヰル。従ッテ市中ニ均等ニ分布スル花崗岩ノ建築石材ハ、ソノindicaterトシテ有効デアル。以下ニ各種ノ岩類石材ニツキノベル。

a) 花崗岩類
   花崗岩ハ熱練ニヨリ一様ノ著シイ変化ヲ蒙ッテヰル。
   広島市ニ於テ使用セラレテヰル花崗岩・石材ハ 徳山、倉橋島（広島）、さぬき、等ノ諸産地ヨリ採石サレタモノデ、ソレゾレノ使用特徴ニ従ッテソノ使用途モ推定デアル。花崗岩ハ一般建築物、橋染、墓石等ニ広ク多量ニ利用サレテヰル。
   花崗岩ハ熱練ニヨリ一様ノ著シイ変化ヲ蒙ッテヰル。
   ソレハ表面ニオケル有色鉱物ノ焼訛デアリ、元安橋（E. W. 150m）ニオテ照明

ハ極ノ稀向ニ事使用サレテ居ル花崗岩・雲母ガ焼石トシテ中ミガ明カニシルヨウシ。コノ現象ノ見ラレル範囲ハ正確ニ定メ得ナカッタ。

花崗岩ノ高ミテルミノ変化ハ、勢録ある受勢面が斑模状ニ剥離ス現象デアル。一般ニ剥離ハ相当ナ薄イ表面のに程ガが剥離シテイテテ斑紋ノ大イサハ千度ニヨリ異ナリが数種千度にガ多イ。梅五一物体ニヨリ勢約が庭のビつの陰合ニハ陰デラヲ生ジ、勢外ヲ受ケタ面トレカラザル部分ト明暗ニ区別ス得ル。しこらデ 塾土 焼源ノ方位, 仰角等ヲ測定ス得ル。焼心ヲ距なニ従ヒコノ現象ハ微弱ナリ。限度迄ニ於テ 剥離ハ極メテ徴弱デ、燥風ニヨル飛来物等ニヨリ生ジタキズ当会タコレト誤認スル可能性モ又無イトセズ。

火災ニ依リテ花崗岩が大モ剥シヌ個数個、塊ニ分解スル等、現象ハ屡々実見ス所デアルが、本現象モス、コトの直接ノ系路ニ於テ生ヒダモノデ、唯ニ受熱ノ条件ヲ異ニスルモノナラント考ヘラレル。

コノ現象ノ生ズル範囲ハ上述ノ有色鉱物ノ範囲ニヨリ考エラレタイモノト考ヘラレル。各々ノ踏査ニヨリ次ノ観察ヲ行ッタ。

- ㉔ E. 1100ᵐ 殆ド剥離ノ限界.
- ㉗ E 880ᵐ 散見状.
- ㉒ S 1000ᵐ (布施谷) 剥離ニヨルShadowミトム
- ㉙ S 1200ᵐ (明治橋) 多ナ·変化ミトムまエた.
- ㊳ W 800ᵐ 可成明瞭十剥離症.
- 32 W 840ᵐ 多ナ·剥離痕ヲミトム

コレラノ結果ヨリ、graniteノ表向ノ剥離現象・範囲ハ火室心ヨリ1000～1100附近マデホボ達スル限ト ドスルヲ適当トミトム.

爆源ノ方位 高度等ノ測定ニ Clinometer ニヨル各側ソレゾレナヲテトッテ大体ノ傾向ハ一致スルモ精度ハ良好トモ云ヘズ。コレラニ対シ考察スル事デキナイナニ。

匝仁ル

6)
b) 安山岩ノ使用サレテモ変化ヲ受ケタルモノノ観察ヨリハ信カニ清病院
(29 N.80ᵐ) ノ一例ニスギズ。コノ石材ハ塀ノ上面ニ水平ニナラベテアリタ
輝石安山岩デアッテ熱ヲ輻ガ直上ヨリ受ケテヰル。最モ大ナルハ熔融ガラス
質ノ塊ガ点々表面ニ吹出シタ如ク盛上ッテヰルガ見肉眼デハ黒色
鏡下ニテ之ヲ捨エルト 熔融状ハ無色又ハ褐色ガラス質デ多少
氣泡ヲ涵シ流ヲナシテヰル。中ニハ融ケノコッタ斜長石 輝石等、ガアル 磁鉄鉱ヲ残部ガ
微細ナマリガミトメラレ Ground mass、輝石 斜長石等ノ晶出ニトゲテヰル。熔融
ガラス建貫物質ノ色ハ magnetite 四ノ光学融物ヲ含ムヨリデ褐色ニ
ナル化向ガ計メラレル。熔化シテ盛上ッタ石ノゴツ表面ニ殆ドニオナジルタンガ
明白ニミラレル。
            (42 N.350ᵐ)
                                        shaluzu
a) c) 水成岩. 広島護国神社社殿 周囲ニハ黒色 Hornfels ない
玉砂利ガ 布イテアリ。コノ熱照射ヲ受ケテヰルソノ表面ガ
正ニ溶ケ、黒褐色ノガラス状ノモノ色ジ 霊ニ氣泡ノ跡ヲ残シテヰル。
塞ッテ存在セラレル場合ニハ下側、モニ上ノ石葉ノ内デ学ぶが
残ッテヰルノが起メラレタ。

c). 窯業産物．　　　　　　　小サナ住家ニテモ瓦ノ使ハレタル

1. 瓦．　日本ノ都市ニ於テ瓦ハ最モ多ク使用サレテ居リ、シカモ一ツノ都
市ニ於ケル瓦ノ供給地ハ大体一定シ、以材質ノ差化ガ甲スクナク、又
之ガ家ノ最上部ニアッテ　　　　空ニ向ッテ大約等ノ割合テ
配置サレテヰルコト、ソレ熱線、　　　　照射程度ヲ　　　　一ツノ指
示物トシテ利用シ得　　　テ有効デアル　　　　　　トクニ様
瓦ハ円形デ、最上部ニ位スルニ、熱射方向ニ垂直ナル部分ヲ有シ
場合が多キヲ以ッテ　諸点ニ言ッテ　ナド中様瓦ノ観察ヲ主ヲ用チ
セタ．

　広島市ニ於テ使用サレテヰル瓦ハ、賀茂郡西條、越智郡菊間等ノ産
物ガ多イヤウデ、イヅレモ、石英斑岩、石英粗面岩、花崗岩　等ノ風化セル土ヨリ作ッ
タモノデアル．以中、アルモノハ素焼新瓦トシテモルトモアル．特下テ
ハ、角閃石、雲母、石英、倒長石等ノ風化物、ソレラ破斑粒　ガ
多クシモヰルガ　トモラレル．

　瓦ガ熱ヲ受ケルト、　工学部ノ青　実験結果ニヨッテミテモ判シサウ
　千数百度、デ　試料ハガ　　ニヨル以下ノ温度デ、全体ノ色ガ
赤褐色ヲ呈スル様テアル．　ツイ火事ニョリ熱セシメタ瓦ニ於テ表カ
屋デ発見スル所デアル．厚ミ楊瓦ニヨル瓦ノ差化ハカル程度、モデ
ハナク．其ノ表面ガ完全ニ熔解し、畳色　　　　　　　　　　　ヲ有ス
ザラザラナガラス情　薄膜ニョリ表面ガ変シテオルガトモラレル．
之ハ火事ニヨル差化ガ一見シテ区別ガッキ、照射面ミニ生ジ、
瓦ニヨリオオハレテ居ル部分　裏面等ニハ之等ノ形跡ハミトメラレズ
コレモ特徴的デアル．広島ニ於ケル風、火炎ニヨル影響ト
照射ニョルモノガ重複シテ観察サレル．ソノ場合ニモ様テモ両画ヲ
判然ト区別サレル．

HⅢ

瓦ノ熔解範囲ノ決定モ花商店ノ場合ト同様ニ困難ナ問題デアルガ
要ハ熔解範囲ノ局限ト考ヘラレル所近ニ於テ特ニ注意シテ多クノ瓦
ヲ観察シ、焼痕ノ有無ヲ調ベタ。コレラノ観察ノ結果トシテ

⑦ E 460ᵐ 既ニ相当 fuse セルモノアリ、八丁堀電信局址ニ limit アルモノカモ
㉖ ES 560ᵐ 砂ド瓦・トイケルモノヲ見トメズ
㉔ S 460ᵐ 瓦ハイケルテヲラヌ
㉓ S 700ᵐ 瓦ノトイケタルヲ見ナズ
⑰ WS 580ᵐ 極メテ僅僅ナル瓦ノ焼熔色ヲミトム
㉚ W 600ᵐ 瓦(西向)ノヤケタルヲ採取ス
㊼ N 600ᵐ 師団司令部、瓦ニ多少ノヤケアリ。

コレラノ観察ヲ他ノ基礎トシテ 瓦ガ熔融ヲ起シタ範囲ハ
約600ᵐト判定シタ。スナハチ、爆心ヨリ600ᵐヲ熔源
ノ高度ヲ570ᵐトシテ按算スレバ 熔源ヨリ直接距離830ᵐノ所ニ
ダテニコレニ直面シテ瓦ノ表面ガヨリ熔融温度(恐ラク4000度)ニ逹ッ
タコトヲ示ス。

鉄瓦ハ爆心ヨリ距離200ᵐデ、熔融銃赤色ノ部分ヲ示スヲ
ヲ観察スル。
又、コンクリート.

(三). 天然物. 前述ノ如ク本地域ニ於ケル天然物、即チ
汁物、砂、及花崗岩露頭等ハ、雨水ニヨル小サナ流失
被害アレ、従来ノ爆心ヨリ遠距離ナルタメニ何等ノ
影響ヲモトドメテナカッタ。

　　　　　　　　　　　　　　　　　　花崗岩抄
猪、広島両方面ヨリ爆心付近ニテ採取シタ瓦ノ泥、及 爆心 距離
影等ノ放射能測定ノ為、理研仁科研究室ニ提供シタ.

N I.

長崎市.
1) 地質概略.
長崎四近ニハ斑晶トシテ輝石角閃石黒雲母斜長石ナドヲ多量ニ含ム複輝石安山岩
が広く分布シテヰル。岩本岩ハ主トシテ集塊岩質デ長崎四近ノ山容ヲ層ニ成サシメ
テヰル。其他角閃安山岩等モ存在スルガ、本調査地区ニハ存在シナイ。
市街地ハ長崎港頭ノ沖積平地、及ビ浦田上川流域、中島平地 及上記
平山岩ダケノ四近ノ丘陵地ニ造成発達シテヰル。

2). 岩石 石材 実業産物等ニ対スル影響.
1a) 天然岩石. 安山岩
本地域ハ所々ニ安山岩ノ露頭ヲ見ル。コレラ露頭ニシテ爆心ヨリ約 1000ᵐ 以内ニ
在在スル 集塊岩質 爆心ニ面セルモノハ後述石材ニカケルト同様ニ表面ノ剥離、
熔融等ヲ蒙ツテヰル。特ニ著シイ例トシテハ、現在ノ 浦上兵器廠 atomic field.
ノ対岸. (山城町西部) 石ノ場 (126° 8' W. 400ᵐ).ニ於テハ 肉眼的ニ 新鮮ナル面ガ
淡緑色ヲ呈ス。 同復輝石安山岩ノ露頭中ノ表面が著シク fuse シテヰルガ
観察サレル。岩石表面ハ灰色、迚モ鏡ノ如ク光ツテヰル。 ガラス層
又泥質が大キクテ fuse セヌ場合ニモ 岩猶剥離、鏡象 がミトメラレル。
ツヅク コトハ、次ニ 石材ニカケル場合ト同様デアル。

土壌ニノ蒙リタル変化ハ 土壌 爆撃後時日経過セルタメ特ニ認メ得タル
変化ハナイ。

2). 石材。
長崎周縁に主にして安山岩より成心ペ石材トナル安山石ノ使用ガ最モ普遍デ
次ニ花崗岩ヲ普通ニ利用シテオル広島市ノ場合トニ比較ニ著シイ対比ヲ
ナス。猶ソノ他ノ砂岩、唐津附近ヨリ玄武岩、輝緑岩、蛇紋岩等モノ使用
シテオルモノ例モ見エル。今述ベタ様ニ礫ハ広島ノ花崗岩ノ使用
ハ局限サレテ居リ、コノ点デ広島ト対比ヲ行フ事ハ困難デアル。
一部ニハ、隣接地方ヨリモタラサレタ黒いい結晶片岩石材等モイズスルが

2) 石材、
長崎周縁ハ既述ノ如ク主トシテ安山岩ヨリ成ル地塊 従ッテ使用セラレル石材
モ安山岩が多ク。此次、広島ニオケル花崗岩ノ場合トヨク事情が一致スル。
これとちがい、安山岩ノ供給地ハ唐津附近、其他ニモイコン等長崎西此岸面
にあるが 使用サレテオル事ハ注意ヲ要ス。花崗岩ハ中国地方、絃山等より
供給ヲ得デオルが、これ使用サレル場合ハ極メテ稀デ。長崎ニオイテハ
若干石等に於テモ 安山岩が完全に広島ニオケル花崗岩ノ地位ニトッテ
代ッテ中ル。長崎デハ花崗岩ノ白キ白色ノ感ジヲ出ス為ニハ、石ニハ人
造石ヲ用ヒル。故ニ、吾々ノ調査ニ於テモ広島ト長崎ヲ花崗岩ニ
ヨリ対比スルコトが完全ニデキナイ、ようにかでル。
ソノ他、砂岩が時ニ使用サレテオルヲ見ル。コレハ天草 等カラ供給サレル
モノナリト云フ。猶長崎隣接地区ノ結晶片岩、スル蛇紋石
或は 撒攬石玄武岩 等が 稀ニ使用サレテアルヲ見ル。 あるメーツ
ヲ除き、他ノ二者ノイズレモ塾練ノ影響ヲ蒙ッテオルモノヲ
観察シタ

N.Ⅱ

a) 花崗岩類

広島市ノコトナリ、岩石等ニ使用サレテオリコトガ多ガイ。建ツラッリ合命ニ不均一デ、範囲、決定モ正確ニハ行ケナイコトガ残念デアル。
判離現象

有色鉱物ノ熔融ハ頂上天主堂(68) NE 550m、正面石段ノ、黒雲母花崗岩ニ於テモトラレル、元局ニオケルヨリ範囲ガ広イト削外セリ。

表面剥離ノ現象ノ範囲、決走ハ淵科社(129) S 1650 ニオイテ。まれニ散ルル大剥飛ヲトメシ事。±28 (28) SW 1000 デハ猫若干ノ剥痕ヲ認メ得ルコト等アリ。±1600m ニ至ツテ。(112) NNW 1000 但シニ、後ニバルクンカルカンスゼル型ガアル。(81) NE 900 ヲワヒ雲霞

b) 安山岩ハ主ナ岩類。
安山岩ガ受ケタル変化ニテハ花崗岩ニコトシ。岩ノ表面ノ剥離ト他ノ表面ノ熔融デアル。
石ノ配雪ニシレイ。(29) NE 700 ・・・(117) NW 750 等ニ於テ熔解ガミトラレ等ナルガ、シレ以遠デハ熔解現象ヲ目撃シナイ。

又。剥離痕ニツイテハ
(81) NE 900 多ク剥離、(87) SE 1200 変化ナシ、(94) E 870 剥離アリ、(103) N 1000 天然
表層多ク剥離。(125) 1050 剥離痕ナシ 等ノ結果ヲミテラレック
ある＝ 剥離現象ハ 1000m、熔融現象ハ 約 750° 附近ニ限界ヲ持ツト考ヘル。
熔心附近ニ於テハ熔融現象考エリ岩石表面全体ガ記末状ノ熔融物ニ一番ハイテオリ。

浦上天主堂正面ノ記念碑ハ投擲者想影者許者デアルガ、ここ又、地表面ニ多少ノ熔融ヲミル。

c). 浦上天主堂正面直下（爆心ヨリ500m）ニ放置シテアル花崗石質ノ墓碑ガ熔融シテをらない理由カデアル。
同、天主堂入口ノ石ニアル砂岩ニモ表面ガ融解シテをル熔化附近ノ鉄道線路ノ敷砂利ハ今残程ニマシテをルガ此中ニ多少ノ岩石カヨリ熔融シテをるを見る。
之等ノ岩石ヲ採取シテアルガニ、今後、細カイ点ニツキ研究ヲ進メタイト考ヘテをル。
土事彼ラガヨリ

3).
実蒐産物.
 a) 屋根瓦. 広島カトヽリ被害地区ニ正廊囲門等ヲフクミ数瓦ノ分布ハ約一テナリ爆合ガアル。
コノ地方ノ瓦ハ筑後ノ城島. 肥前ミツ村 等カ使用サレテをル熔ケヤウデアル。 表化ニアル箇所。 動綾ニテ 色ハ広島ニヨリ若ジ、熔融物ノ量ガ少多ク又特ニ熔融物ノ色ガ広島ニ比シテ黄色味デ特ビテをルヲ感ズル。コノ瓦ノモ、小地名ノ耕運コモデマトモ考ヘラル。
両地ノ瓦ノ比較ヲ化学的ニモヤリ考ヘラル。
ツ、矢ガ明カニナル

N Ⅷ.

~~長崎市~~

ア) 地震概略

~~長崎附近ニハ複輝石安山岩店ノ分布ヲ~~

ィ) 燃焼ノ範囲ハ

⑧④ $^S_{820}$ 名モノテ書垂縞. ⑫⑧ $^{SW}_{950}$ 弱ド limit. ⑳ $^{NE}_{850}$ 燃外ケデキル

⑫④ $^W_{1000}$ 弱ド limit, 多少, 燃焼アリ. ⑨④ $^E_{870}$ 多少ドチガス. ⑩① $^N_{950}$ ~~限界~~
　　　　　　　　　　　　　　　　　　　　　　　　　　　　　　　　ちどドチガス

等より 950～1000^m に参へられル.

当店採取如反一部ヲ放射能測定外ニ科研衆意に挨絡セリ.

6). 燃瓦.

両市ノ災害比較

両市ニ於テ使用セシ瓦ノ質ニ大差ノナイコトヲ條件トシテ両市ニ於ケル瓦ノ焼壊ノ範囲及ビ花崗岩ノ剥離ノ範囲ヲ比較スル。 ( )内ハ推定ヨリノ距離

　　　　　広 (570m)　　　　　長 (490m)
瓦、　　600m (830m)　　950〜1000m (1050m〜1120m)
花崗岩、1000〜1100m (1150〜1250m)　1600m (1680m)

花崗岩ノ各々ノ場合ノ両市ノ場合ヲ比較スル。
焼源ヨリノ距離ノ二乗比ニシテ示ス。

　　　　　広　　　　　　　長
瓦　　　　1　：　　　　1.72
花崗岩　　1　：　　　　1.86

又、各両市ニオケル瓦、花崗岩ノ剥離ノ距離ノ二乗比

　　　　　広　　　　　　　長
瓦　　　　1　　　　　　　1
花崗岩　　2.15　　　　　2.34

イヅレノ場合モ長崎ニオイテ花崗岩ノ剥離ノ範囲ガ広モニ大モナル。ツイテハニバタ如ク、資料不足ノ爲ニ正確ナ判定ガ困難デアッタカラ更ニ

付録　渡邊武男報告書原稿（原文のまま）

調査方法

　地質学に於て野外調査を実施する場合の方法に従って観察・記入・撮影など標本の採集等を行った。各観察点、標本採集点にはそれぞれ順に番号を附し、地図に記入してある。本報告中にも地点の指示はこの番号によっており、これに爆心よりの概略の方位と距離を附しておいた。観察すべき対象としては、岩石、石材、瓦等の窯業産物の如きものの熱線照射による影響を主とし、ある現象の範囲の決定を行うことと、変化を生じたものについての岩石学的、鉱物学的研究を続いて行うための資料の採取を行った。時間の許すかぎり多く広く踏査して事実の蒐集につとめた。

　特に両市における瓦、広島市の花崗岩、長崎市の安山岩等は分布の均一となること等より範囲の決定に役立ち、又、両市の被害程度の比較の為の資料ともなり得ると考えられるので念を入れて行った。現地は今は一面の荒野であるが、照射が行われた時の家屋等も未だ建っていたのである故に、観察する場合には特に元の景観に復元して考えねばならない。又、照射後の爆風、火災、時間の経過、水害等による情態の変化等も充分考慮に入れねばならない。従って、ある観察の一箇所においてのみでは不充分故に多くの地点で同様の事柄を数多く観察する様、時間のゆるすかぎり努力した。

　爆源（真の爆発位置）の方位と高度にも留意し、ほぼ物理班において出された値と一致しているが、Clinometer によった雑な観察故、精度は良好でなかった。

　石材その他の標本の採取に際しては出来得るかぎり産地の判るものを求めるように努力し、特に石材店などよりその地方の石材等について知識を得る様にした。

瓦、岩石等の熔融剥離等の範囲の決定は実際にはその極限を正確に定めることは困難であり、観察者によって可成りの差が有る様である。吾々は爆心より種々の方向の地点で、出来るかぎり精密にこれらの現象が距離とともに衰弱して行く状態を追跡し、その局限と思はれる地点を求めるべく努力した。しかし必要な地点に於て求むる対象物が得られぬ場合や、また瓦の如く多数のものが散乱する中より極めて軽微な焼痕を持った小数の瓦を見出す事の困難などの為に、屡々期待する精度が得られない。調査の結果はこれらの範囲が爆心を中心とする正確なる同心円となってはいない。これらの相違の表はれる原因としては上述の判定の資料等の不十分の外に、被害物の照射方向に対する傾き、その色等の表面の状態、成分の差等によって、同距離の地点でも現象のあらはれ方が異なる結果、判定に相違を来すと思はれる。。。

　範囲の決定はこの様に精度の上に不足の点が存する故に、多くの観察結果を綜合してその平均的数値を採用した。そのため実際に就いては±100m位の相違が生ずる場合がありうることを附記しておく。

　次に、広島市、長崎市について調査をまとめる。

[広島市]

地質概要

　広島市街は主として太田川河口、沖積三角洲上に位置している。この沖積層は花崗岩質の柔軟なる泥土、砂、及礫等より成る堆積物である。広島市周縁の丘陵地、及市中に孤立せる比治山の如きも丘陵はすべて花崗岩より成っている。然しながら、原子爆弾による熱線の影響を著しく蒙った地域は市街地であって、花崗岩の基盤の露頭は存在してない。又、爆撃後、本調査を行ひし迄の間に二月以上の時日の経過と加え当地方を襲った洪水の結果、地表面の泥土などは全く当時の影響の跡をとどめず、その為、天然の岩石等に対する影響は全く調査をなす事が出来なかった。

１．建築石材、窯業産物に対する影響

　広島市は市の周縁及その背後の中国地方一帯が花崗岩質岩石に富む為に建築石材としておびただしい量の花崗岩が排他的に使用されて同市の景観の一つの要素を形づくっている。従って市中に均等に分布する花崗岩の石材は瓦とともに一つのindicatorとして有効である。以下に各種の岩石石材につきのべる。

a）花崗岩類

　広島市に於て使用せられている花崗岩の石材は、徳山、倉橋島（広島）、さぬき、等の諸産地より採石されたもので、それぞれ、特徴に従ってその用途も種々である。これら花崗岩は一般建築物、橋梁、門柱、墓石等に広く多量に利用されている。

　花崗岩は熱線により二様の著しい変化を蒙っている。

　その１は、照射表面における有色鉱物の熔融であり、元安橋（13W 150m）（注：最初の番号は試料番号、次は東西南北、距離。以後も同様。元安橋の試料番号は11の誤り）に於て

は橋の欄間（欄干）に使用されている花崗岩の雲母が熔融しているのが明らかにみとめられる。この現象の見られる範囲は正確に定め得なかった。

　花崗岩の蒙る第二の変化は、熱線を受けた面が斑状に剥離する現象である。一般に剥離は極薄い表面のみが剥げているものであって斑紋の大きさは程度により異なるが数粍程度のものが多い。物体により熱線が遮へぎられた場合には陰影を生じ、熱線を受けた部分としからざる部分と明瞭に区別され得る。これより、爆源の方位、仰角等を測定し得る。爆心を距たるに従ひこの現象は微弱となり、限界近くに於ては、剥離は極めて微弱で、爆風による飛来物等により生じたキズ等をこれと誤認する可能性も又無しとしない。

　火災に依って花崗岩が大きく剥し又は数個の塊に分解する等の現象は屡々実見する所であるが、この現象も又これと同様の原理に依って生じたもので、唯、その受熱の條件を異にしたものならんと考へられる。

　この現象の生ずる範囲は上述の有色鉱物の熔融範囲よりは著しく広いものと考へられる。吾々の踏査により次の観察を行った。

44 E 1100m　　　殆ど剥離の限界（注：幟町神田外科）
27 E 880m　　　散点状（注：胡神社か）
22 S 1000m　　　（市庁舎）剥離による陰が認められる（注：本経寺）
20 S 1200m　　　（明治橋）多少の変化が認められる程度
39 W 800m　　　かなり明瞭な剥離痕（注：堺町風月堂）
32 W 840m　　　多少の剥離痕が認められる（注：フィールドノートには「福迎神記念ヒ」とあるが場所不明）

これらの結果より、granite 表面の剥離現象の範囲は爆心より1000〜1100m付近をほぼ極限とするを適当とみとめた。

　爆源の方位、高度等の測定はClinometerにより概測せるものなるを以って大体の傾向は一致するも精度は良好でない故にここに特に言及する事は避ける。

b) 安山岩

　安山岩の変化を受けたるものを観察したのは僅かに清病院（29 N 80m）一例にすぎぬ。この石材は堀の上面に水平にならべられていた複輝石安山岩であって、熱を殆ど直上から受けている。数粍の大きさの黒色の熔融ガラス質の塊が点々と表面に吹き出した如く盛り上がっているのが肉眼でみとめられた。

　鏡下に之を検すれば（注：顕微鏡で観察）、熔融塊は無色又は褐色のガラス質で、多くの気泡状の孔を有している、中には融けのこった斜長石斑晶、magnetite 等の残部が存するのがみとめられる。微晶質 ground mass、斜長石などは完全にとけている。熔融ガラス質物質の色は magnetite の熔融物を含む附近で褐色になる傾向がみとめられる。熔融現象は石のごく表面においてのみ行われたことが明白にうかがはれる。

c) 水成岩

　広島護国神社社殿周囲（42 N350m）には黒色 Shale 又は Hornfels 様の玉砂利が敷いてある。これの熱照射を受けたものはその表面が融解し、黄灰色のガラス状の皮を生じ、それに気泡の跡を示している。重なって存在している場合には下側のものに上の礫の円な影が残っているのが認められた。

c）窯業産物

1. 瓦．

　日本の都市に於ては瓦は最も広く使用されて居り、小さな住家でも500枚位は使はれ、しかも一つの都市における瓦の供給地はほぼ一定し、その材質の変化がすくなく、又、之が家の最上部にあって四方の空に向かってほぼ均等の割合で配置されていることは、これを熱線の照射程度を示す一つの指示物として利用して有効であると考へられる。とくに棟瓦は円形で最上部にある故に、熱線方向に直面する部分を有する場合が多い故に吾々は踏査に当たって瓦の観察に意を用ひた。

　広島市に於て使用されている瓦は、加茂郡西條、越智郡菊間等の産のものが多い様で、いずれも、石英斑岩、石英粗面岩、花崗岩等の風化粘土よりつくったものである。その中のあるものは俗称油瓦と云われていると云う。鏡下では、角閃石、雲母、石英、斜長石等の角粒の間を、これらの鉱物、その他の微細粒がみたしている様がみとめられる。

　瓦が熱を受けると、工学部における実験結果によってみても判る如く、千数百度で融けるが、既にそれ以下の温度で、全体の色が赤褐色を呈する様になる。これは火事によって熱せられた瓦において吾々が屡々実見する所である。原子爆弾による瓦の変化はかかる程度のものではなく、其の表面が完全に熔解し、多数の気泡を有するざらざらなガラス質の薄膜により、表面が覆われているのがみとめられる。これは火災による変化とは一見して区別がつき、照射面にのみ生じ、他の瓦によりおおわれて居た部分や裏面等にはこの現象のみとめられぬことも特徴的である。広島においては、屡々火災による影響と照射によるものとが重複される。この場合に於ても両者は判然と区別される。

瓦の熔解範囲の決定も花崗岩の場合と同様に困難な問題であるが、吾々は範囲の局限と考えられる附近に於て特に注意して数多くの瓦を観察し、焼痕の有無を調べた。これらの観察の結果として
7 E 460m 　　既に相当 fuse している。八丁堀電停付近に限界。
26 ES 500m　殆ど瓦は熔けていない。（注：場所不明の墓地）
24 S 460 　　瓦は熔けている
23 S 700 　　瓦は熔けていない（注：金比羅神社）
17 WS 580 　極めて軽微な瓦の熔融が認められる。（注：県庁前）
40 W 600 　　棟瓦の熔けたのを採取（注：護国神社社務所）
47 N 600 　　師団司令部、瓦に多少の焼け
　これらの観察、その他を基礎として、瓦が熔融を起こした範囲は約 600m と判定した。すなはち、爆心より 600m、之を爆源の高度を 570m として検算すれば、爆源よりの直線距離 830m の付近においては、これに直面する瓦の表面がその熔解点（恐らく千数百度）に至ったこととなる。
　煉瓦は爆心附近 200m で熔融せる灰色の部分を示すものを観察した。
　又、コンクリート

２．天然物

既述の如く、本地域に於ける天然物、即ち沖積砂、花崗岩露頭等は、前者は洪水等の為流失、後者は爆心より遠距離であるために何等の影響もみとめられなかった。

　なお、広島西方己斐付近で採取した樋の泥、花崗岩砂等は放射能測定の為、理研仁科研究室に提供した。

［長崎市］
1）地質概略

　長崎周辺には斑晶として普通輝石、紫蘇輝石、斜長石をほぼ当量（注：等量）に含む複輝石安山岩が広く分布している。本岩は主として集塊岩質で長崎四辺の山容を為に峨々たらしめている。其の他角閃石安山岩等も存在するが本回の調査地区には存在しない。市街地は長崎湾頭の沖積平地、浦上川流域の沖積平地及び上記安山岩よりなる四辺の丘陵地に迄発達している。

2）岩石、石材、窯業産物等に対する影響

　(1) 天然岩石

　本地域は所々に安山岩、集塊岩等の露頭を見る。これら露頭にして爆心より約 1000m 以内に存在し爆心に直面せるものは後述石材に於けると同様に表面の剥離、熔融等を蒙っている。特に著しい例としては、現在の atomic field（注：浦上川河川敷に設けられた米軍臨時滑走路）の対岸（山城町南部）石切場（126 W 400m）に於ては、肉眼的に新鮮なる面が淡緑色を呈する複輝石安山岩の露頭の表面が著しく fuse（注：熔融）しているのが観察される。岩石表面は灰色のガラス質泡沫状の殻により覆われている。

　又、距離が大にして fuse せぬ場合にも猶剥離の現象が認められる。これらのことは次の石材の場合と同様である。

　土壌の蒙りたる変化は爆撃後時日経過せるため、特に認め得たる変化はない。

(2) 石材

　長崎周縁は既述の如く主として安山岩より成る。従って使用せられる石材も安山岩が多く、この点、広島に於ける花崗岩の場合とよく事情が一致する。しかしながら、安山岩の供給地は唐津附近や其他にも存し、長崎四辺の岩石のみが使用されていない事は注意を要する。花崗岩は中国地方、徳山等より供給されているが、その使用される場合は極めて稀で、長崎に於ては墓石等に於ても安山岩が完全に広島における花崗岩の地位にとって代わっている。長崎では花崗岩の如き白色の感じを出すためには、むしろ人造石を用いている。故に、吾々の調査に於ても、広島と長崎を花崗岩により対比することが充分には行ひきれないきらひがある。。

　その他、砂岩が時に使用されているを見る。これは天草等から供給されるものなりと云う。猶、長崎隣接地区の結晶片岩、又は蛇紋石或ひは橄欖石玄武岩等が時に使用されてあるを見る。始めの一つを除き、他の二者はいずれも熱線の影響を蒙っているを観察した。

a）花崗岩類

　広島市とことなり、墓石等に使用されていることは殆どない。従って、その分布は不均一で、剥離現象の範囲の認定も正確には行はれないことは残念である。

　有色鉱物の熔融は浦上天主堂（68 NE 530m）の正面石柱の黒雲母花崗岩においても認められる。これは広島に於けるより範囲が広いと判断される。

　表面剥離の現象の範囲の決定は淵神社前鳥居（129 S 1650）に於て極めて微弱な剥痕をみとめしこと、（128 SW 1000）（注：瓊浦中学）では猶若干の剥痕を認め得ること等より、1600mと考へる。（112 NW 1000）（注：市立長崎商業）、（81NE900）（注：場所不明）よくとび顕著。但し之は後にのべる如く広きにすぎる感がある。

　b）安山岩及玄武岩類

　安山岩が受けたる変化としては、一つは花崗岩に見られる如き表面の剥離と他は表面の熔融である。

　観察によれば、（79 NE 700）（注：場所不明）、（117 NW 150）（注：護国神社）等に於て熔解がみとめられているが、それ以遠では熔解現象を目撃しない。又、剥離痕については、

81 NE 900　　　　多少剥離、（注：場所不明）
87 SE 1200　　　　変化なし、（注：場所不明）
94 E 870　　　　　剥離あり、（注：高江橋）
103 N 1000　　　　天然？？多少剥離、（注：場所不明）
125 1050　　　　　剥離痕なし　（注：場所不明）

等の観察を行った。故に、剥離現象は約1000m、熔融現象は約750m付近に限界を持つと考へる。

　爆心付近に於ては熔融現象著しく岩石表面全体が泡末状の熔融物に覆はれている。

浦上天主堂正面の記念碑は橄欖岩粗粒玄武岩であるが、之も又、照射面に多少の熔融をみとめる。

　c）浦上天主堂正面崖下（爆心より 500m）に放置してある蛇紋石質の岩塊が熔融していることは興味がある。

　同天主堂入口の坂にある砂岩も又表面が熔解している。爆心付近の鉄道線路の砂利は試料に付しているが、その中に数々の岩石があり熔融しているものが多い。之等の岩石は出来得るかぎり採取してある。故に今後、それぞれにつき研究を進めたいと考えている。

3) 窯業産物

　a）屋根瓦。広島と異なり被害地区に山地・田畑・工場等をふくみ、瓦の分布は均一でない場合がある。

　この地方の瓦は筑後の城島、肥前三ツ村等が使用されているやうである。火災による変化は殆どにない。熱線による変化は広島のものより著しく爆心において比べると、熔融物の量が多く、気泡の大きさもより大で、又特に熔融物の色が広島に比して黄色味を帯びていることを感ずる。これは瓦そのものの性質の相違によることとも考えられる。今後の両地の瓦の比較研究によりこの点が明らかになると考えられる。

その熔融範囲は

84 S 820　　　　　極めて軽微、（注：場所不明）
128 SW 950　　　　殆ど limit、（注：瓊浦中学）
80 NE 850　　　　 淡くやけている、（注：高尾橋）
124 W 1000　　　　殆ど limit　多少の焼痕あり、（注：場所不明）
94 E 810　　　　　殆どやけぬ、（注：高江橋）
101 N 950　　　　 殆どやけぬ　（注：場所不明）

等あり。950〜1000m と考えられる。

　猶、爆心で採取せる瓦の一部を放射能測定のため仁科研究室に提供した。

b) 煉瓦

両市の災害比較

　両市に於て使用する瓦の質に大差のないことを條件として、両市に於ける瓦熔解の範囲、及、花崗岩の剥離の範囲を比較すると

　　　　　　　　爆心よりの距離、（　）内は爆源よりの距離
　　　　　　　　広（570m）　　　　　　　　長（490m）
瓦　　　　　　　600m (830m)　　　　　　　950-1000m
　　　　　　　　　　　　　　　　　　　　　(1050-1120m)
花崗岩　　　　　1000-1100m　　　　　　　 1600m (1680m)
　　　　　　　　(1150-1250m)

瓦、花崗岩の各々の場合は
爆源よりの距離の2乗比にして両市の場合を比較すると
　　　　　　　　広　　　　　　　　　　　　長
瓦　　　　　　　1　　　　：　　　　　1.72
花崗岩　　　　　1　　　　：　　　　　1.86

又、両市における瓦、花崗岩剥離の距離の2乗比は
　　　　　　　　広　　　　　　　　　　　　長
瓦　　　　　　　1　　　　：　　　　　　1
花崗岩　　　　2.15　　　：　　　　　2.39

いずれの場合も長崎における花崗岩の剥離の範囲が広きにすぎる。これは既にのべた如く、資料不足の為に正確な判定が困難であったのである。

田賀井篤平（たがい　とくへい）

1943年東京生まれ。東京大学理学部、理学系大学院を修了後、
フランクフルト大学・東京大学に勤務。理学博士。
現在、東京大学総合研究博物館名誉教授・特任研究員。
専門は鉱物学、結晶学。音楽や文学、
焼き物を愛し、カメラや料理を趣味とする。

著書
「宝石－趣味の手づくり」（保育社、1995）
「和田鉱物標本」（東京大学出版会、2001）
「クランツ鉱物化石標本」（編、東京大学出版会、2002）
「小柴昌俊先生ノーベル賞受賞記念　ニュートリノ」
（編、東京大学出版会、2003）
「石の記憶－ヒロシマ・ナガサキ　原爆資料に注がれた科学者の目」
（編、東京大学出版会、2004）
「時空のデザイン」（編、東京大学総合研究博物館、2006）

石の記憶

発行	二〇〇七年七月二十五日
著者	田賀井篤平
発行人	岩波智代子
発行	株式会社智書房
	〒112-0001 東京都文京区白山五-二一-五
	電話 〇三-五六八九-六七一三
	ファックス 〇三-五六八九-六七二一
	http://www.tomojapan.com
発売	株式会社星雲社
	〒112-0012 東京都文京区大塚三-二一-一〇
	電話 〇三-三九四七-一〇二二
	ファックス 〇三-三九四七-一六一七
印刷	瞬報社写真印刷株式会社

©Tokuhei Tagai 2007. Printed in Japan

乱丁・落丁本は小社宛にお送りください。送料負担にてお取り替えします。
本書の一部、あるいは全部を複写（コピー）、複製、転載することは法律で認められた場合を除き、著作者および出版社の権利の侵害となります。あらかじめ小社宛に許諾を求めてください。
価格はカバーに表示してあります。

ISBN978-4-434-10854-9-C0095